花花柴抗逆的
生理与分子机制研究

王彦芹 等 著

中国农业科学技术出版社

图书在版编目（CIP）数据

花花柴抗逆的生理与分子机制研究／王彦芹等著. --北京：
中国农业科学技术出版社，2022.5
　ISBN 978-7-5116-5752-7

　Ⅰ.①花…　Ⅱ.①王…　Ⅲ.①旱生植物-植物生理学-研究
Ⅳ.①Q949.405

　中国版本图书馆 CIP 数据核字（2022）第 072969 号

责任编辑　张国锋
责任校对　李向荣
责任印制　姜义伟　王思文

出 版 者　中国农业科学技术出版社
　　　　　北京市中关村南大街 12 号　邮编：100081
电　　话　(010)82106625(编辑室)　　(010)82109702(发行部)
　　　　　(010)82109709(读者服务部)
网　　址　http://www.castp.cn
经 销 者　各地新华书店
印 刷 者　北京建宏印刷有限公司
开　　本　170 mm×240 mm　1/16
印　　张　13.5　彩插 12 面
字　　数　262 千字
版　　次　2022 年 5 月第 1 版　2022 年 5 月第 1 次印刷
定　　价　60.00 元

本研究由国家自然科学基金项目"基于 RNA–Seq 的沙漠植物花花柴高温胁迫响应的分子机理研究"（31460071）、"沙漠植物花花柴花器官耐高温的生物学功能分析"（31660085）；新疆生产建设兵团"强南"科技创新骨干人才项目"沙漠植物花花柴耐高温相关基因的克隆及转化棉花的研究"（2021CB013）；华中农业大学作物遗传改良国家重点实验室开发课题"胡杨耐盐相关基因的克隆及转化棉花的研究"（ZK201002）共同资助。

《花花柴抗逆的生理与分子机制研究》

著者名单

王彦芹	白宝伟	赵沿海	刘逸泠
许疆维	刘艳萍	应　璐	郭　媛
徐靖辰	王鹤萌	朱传应	李志军
邓　芳	陆忻子墨	李　芬	石新建
谢文龙	黄婉夷	邱江燕	

前　言

　　花花柴分布于中国新疆准噶尔盆地和塔里木盆地、青海柴达木盆地、甘肃西北部和北部、内蒙古西部；在蒙古国、哈萨克斯坦、乌兹别克斯坦、吉尔吉斯斯坦、塔吉克斯坦、土库曼斯坦和欧洲东部、伊朗及土耳其等地都有广泛的分布。花花柴常生长于戈壁滩地、沙丘、草甸盐碱地和苇地水田旁，常大片群生，是荒漠区沙漠治理、生态恢复、盐碱地改良的优良荒漠植物。

　　花花柴的繁殖方式有种子繁殖和克隆繁殖两种方式，在塔克拉玛干沙漠附近等极端干旱地区，花花柴主要以克隆繁殖为主。花花柴克隆繁殖是通过其地下横走侧根上的不定芽发生和克隆分株的生长而来，同时在前一年植株基部发出丛生苗，常会出现干枯的枝叶与新生植株共生的现象。因此，花花柴往往成片分布，无论是新生的植株还是干枯的枝叶，均可作为防风固沙的良好材料。花花柴由于长期生长在极端干旱、重盐碱、极端温度等复杂的胁迫环境下，因而进化形成了耐旱、耐盐碱、耐高温等的广谱抗逆性，同时孕育了大量适应极端环境的功能性强的抗逆基因资源。因此，花花柴不仅是研究植物逆境生物学的良好材料，同时也是发掘和利用功能性强的抗逆基因资源的优良材料。此外，由于花花柴叶器官肉质化严重，营养丰富，是骆驼等食草动物的优良牧草，其全株含有丰富的天然药物成分，是天然药物研发的良好药材。因此，无论从逆境生物学的研究出发，还是从利用价值出发，花花柴都具有重要的研究价值和应用前景。

　　塔里木大学植物逆境生物学团队经过十余年的研究，对花花柴的抗逆性进行了系统评价，探测了花花柴对盐、干旱、高温的耐受性，测定并分析了花花柴的转录组，克隆并初步分析了花花柴抗逆相关的基因，最后将这些结果总结形成本书。全书共分为6章：第1章综述了花花柴的生物学特性及其研究进展，第2章研究了花花柴种子萌发过程中对逆境胁迫的响应，第3章分析了花花柴幼苗对逆境胁迫的响应，第4章探索了自然环境下花花柴不同生育期的表型及其生理变化，第5章分别分析了干旱、高温胁迫下花花柴的转录组，第6章是花花柴抗逆基因功能挖掘。本书通过对花花柴生境的调查，从生态到植株，从种子到幼苗，从生理到分子对花花柴抗逆性进行了系统研究，这为荒漠植物抗逆性种质资源、基因资源的发掘与利用提供了重要参考。

本书研究工作承蒙国家自然科学基金项目"基于 RNA-Seq 的沙漠植物花花柴高温胁迫响应的分子机理研究"（31460071）、"沙漠植物花花柴花器官耐高温的生物学功能分析"（31660085）；兵团"强南"科技创新骨干人才项目"沙漠植物花花柴耐高温相关基因的克隆及转化棉花的研究"（2021CB013）；华中农业大学作物遗传改良国家重点实验室开发课题"胡杨耐盐相关基因的克隆及转化棉花的研究"（ZK201002）的资助，特此致谢！同时向关心支持和帮助本书撰写出版的各位专家表示衷心的感谢！向先后参与本研究工作的塔里木大学的研究生和本科生表示衷心的感谢！

尽管花花柴抗逆性研究工作进行了十余年，但由于作者科研能力和知识水平有限，本书难免存在遗漏和不足之处，敬请广大读者批评指正。

王彦芹

2022 年 4 月 26 日

目　　录

1 概　述

1.1　花花柴的形态特征

花花柴［拉丁文：*Karelinia caspia*（Pall.）Less.］是菊科属多年生草本植物，高可达150cm（中国科学院中国植物志编辑委员会，1979）。茎粗壮，直立，多分枝，圆柱形，中空，无毛；叶片卵圆形、长卵圆形或长椭圆形，有圆形或戟形的小耳，抱茎，全缘，质厚，几肉质，两面被短糙毛，叶背有时无毛；中脉和侧脉纤细，叶背稍凸起。头状花序；苞叶渐小，卵圆形或披针形。总苞卵圆形或短圆柱形，总苞片外层卵圆形，顶端圆形，内层长披针形，顶端稍尖，厚纸质，边缘有较长的缘毛。小花紫大多呈红色，也有黄色；雌花花冠丝状，花柱分枝细长，顶端稍尖；两性花花冠细管状，有卵形被短毛的裂片；花药超出花冠；花柱分枝较短，冠毛白色，有细齿。瘦果圆柱形，基部较狭窄，无毛。5—9月开花；8—10月结果。

1.2　花花柴的地理分布

花花柴在中国新疆塔里木盆地和准噶尔盆地、青海柴达木盆地、甘肃西北部和北部、内蒙古西部都有分布；在蒙古国、哈萨克斯坦、乌兹别克斯坦、吉尔吉斯斯坦、塔吉克斯坦、土库曼斯坦和欧洲东部、伊朗及土耳其等地都有广泛的分布。生于戈壁滩地、沙丘、草甸盐碱地和苇地水田旁，常大片群生，极常见。

花花柴具有极强的耐盐、耐旱、耐极端温度、耐贫瘠等广谱抗逆特性，常被用作改良盐碱土、荒漠区生态恢复、防风固沙的优良植物。花花柴还具有一定的营养价值，其营养期的粗蛋白质含量约为11.87%，花蕾期8.48% ~

9.7%，成熟期 8.88%；此外，含有磷、钙、铁等多种矿质成分和 17 种氨基酸，其中赖氨酸、谷氨酸和天门冬氨酸含量都较高。花花柴产草量以花期最高，生长较好时亩（1 亩约为 667m²）产鲜草可达 1 532.2 kg 或干草 422.9kg，若能稍加人工管理，产量还能大幅度提高。花花柴营养期叶量可达 58.5%，开花期降为 50.4%。由于花花柴叶器官高度肉质化，因此其干草率较低，营养期约 5kg 鲜草晒 1kg 干草，开花期约 3.5kg 鲜草晒 1kg 干草。干草可作为羊、骆驼等的饲草。

1.3　花花柴的繁殖特性

花花柴为先叶后花虫媒植物。从开花到种子成熟历经约 100d，每朵花从现蕾到开花结束，约需要 20d，瘦果 8—10 月成熟。据本课题组前期调查发现，沙漠区花花柴发芽较居民区晚 4~7d，但花期却要早 7d 左右。塔克拉玛干沙漠区花花柴最早开花期为 5 月 10 日，最晚开花时间为 8 月 5 日，其果实最早成熟时间为 8 月 10 日，最晚成熟时间为 10 月 5 日；而塔里木盆地居民区花花柴最早开花期为 5 月 1 日，最晚开花期为 10 月 8 日，果实最早成熟期为 10 月 25 日。

花花柴繁殖有两种方式，即种子繁殖和克隆繁殖。成熟的瘦果以飞絮的方式飘散，遇到合适的湿度当年发芽，随着气温降低，幼苗地上部分干枯，到了第二年春天，其根部可以发出幼芽，再长出新的植株（图 1-1）。花花柴克隆繁殖则是通过横走侧根上的不定芽发生和克隆分株的生长而来，同时在前一年植株基部发出丛生苗，常会出现干枯的枝叶与新生植株共生的现象。自然条件下，大多数花花柴植株通过克隆繁殖而形成，因此，花花柴往往是以片状分布，无论是新生的植株还是干枯的枝叶，均可作为防风固沙的良好材料。

花花柴为多年生草本植物，在自然条件下 3 年的植株才会开花，而在室内人工栽培的植株很难开花。花花柴的种子受环境影响很大，花期温度越高，可育种子的数量越少，但种子发芽后的幼苗对高温的耐受性越强，相反，花期温度越低，可育种子的数量越多，但种子发芽后的幼苗对高温的耐受性大大降低。

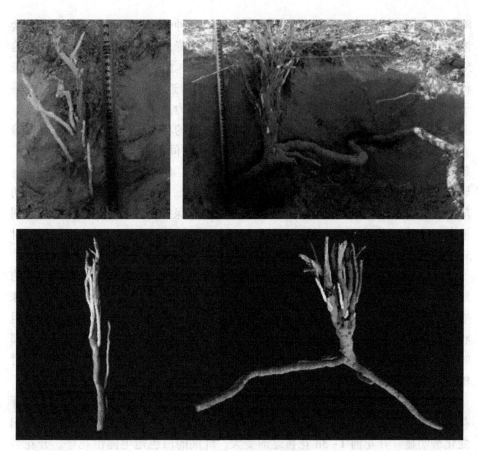

图 1-1　花花柴的克隆繁殖

1.4　花花柴的生长特性

花花柴成熟的种子没有生理休眠，可以直接萌发成幼苗。其果实外的冠毛对种子的萌发速度有一定的影响，带冠毛和不带冠毛的种子萌发速度不一样，带冠毛种子冠毛影响种子吸收水分的速率，种子的萌发时间延长，但是最终的萌发率无明显差异。

花花柴种子萌发时，低浓度的 NaCl 胁迫处理可以促进花花柴种子萌发。而高盐胁迫会显著抑制种子萌发。种子在高于 300mmol/L NaCl 胁迫下萌发率降低，具体表现为胚根和胚芽的生长受到抑制，种子萌发的时间延长。在高盐浓度下不能萌发的种子，再次遇到水，土壤盐度降低后可再次萌发。高浓度的 NaCl 胁迫抑制了种子萌发，但不会造成毒害使种子丧失活力，复水后花花柴种子能够迅速恢复萌发活性。高渗透势的 PEG 胁迫下只有部分活力较好的种子能萌发，未萌发的种子会永久性地失去萌发活力。

花花柴幼苗阶段具有较高的抗性，对 2 个月的花花柴幼苗进行高温胁迫培养，在 40℃ 条件下，保护酶系统的活性随处理时间的延长逐渐升高。在 45℃ 条件下，处理 2~8h，各项生理指标变化不显著，而在处理 12h 以后，相对电导率、MDA 含量显著增加，保护酶活性显著降低。在 50℃ 处理时，花花柴幼苗叶片的 MDA 含量、相对电导率逐渐升高，其保护酶活性在处理 1h 时达到最高，之后显著降低。花花柴对 40℃ 不敏感，对 45℃ 可耐受 8h 左右，对 50℃ 能耐受 1h 左右，表明花花柴苗期对高温具有极强的耐受性。

成年植株耐盐力同幼苗相比大大增强，能在 1m 土层含盐量为 2%~4% 的地上正常生长。据盆栽咸水灌溉试验，长期灌淡水的株高生长量虽大，但植株瘦弱，叶色发黄，分枝少；灌 15g/L NaCl 水的，株高虽不及前者，但植株粗壮，叶色深绿，分枝多；灌 30g/L 的，植株比较矮小，下部叶有些发黄，上部叶深绿，分枝较多。据柳沟灌区地下水矿化度图的分析，矿化度 10~30g/L 时植株繁茂，30~50g/L 时植株较为矮小、稀疏。

花花柴花器官从花苞形成到开花结束需要经过 10d 左右的生长发育。开花前 4~6d 为花苞生长期，该阶段花器官逐渐变大、横径变宽，开花前 5~6d 变化最明显。开花前 1~3d 花苞逐渐变大，纤细的白色冠毛露出花萼。开花当天中心小花的柱头露出，明显高于雄蕊；在开花第 2~5 天，雌蕊柱头由外圈向内圈逐渐露出，高于雄蕊。在开花第 6 天及以后 3d，雌雄蕊逐渐衰败，至此花花柴花器官发育完成。花花柴花期对高温亦具有较强的耐受性。花花柴生长在沙漠、戈壁滩等极端环境，其在 40℃ 以上的条件下依旧可以正常开花结实，且温度的升高可加速花花柴开花。

1.5 花花柴的生态适应性特征

花花柴产于新疆准噶尔盆地、塔里木盆地和青海柴达木盆地、甘肃西北部和北部、内蒙古西部。生于干旱、半干旱地区的戈壁滩地、沙丘、草甸盐碱地和苇地水田旁，常大片群生，极常见。

花花柴具有肥厚肉质化的叶片，耐盐性强，花花柴为吸盐植物，细胞对吸入的有害离子具有较强的束缚能力。初花植株含盐可高达灰分总量的 16%，为新疆盐生植物体内含盐之冠。花花柴对硫酸盐、氯化物和苏打等盐类都具有较强的忍耐力，不同生育期有所差别，苗期较弱。成年植株耐盐力大大增强，能在 1m 土层含盐量为 2%~4% 的地上正常生长。矿化度 10~30g/L 时植株繁茂，30~50g/L 时植株较为矮小、稀疏。

花花柴虽然生育期内需要大量的水分，但是在干旱荒漠条件下不灌溉也能繁茂生长，有很强的耐旱力。其耐旱的原因一是有强大的主根系，能吸收深层土壤水分和地下水，在一定范围内根系还能追逐下降的地下水位，因而吸收水分的空间大；二是耐盐力强，淡水、咸水都可以利用，甚至 50g/L 的盐水也能用来维持生命，因而摄取水分的范围广；三是体内含盐，细胞渗透压高，加之根皮层薄壁组织和木质部发达，吸水和传输速度快，吸收水分的能力强。

花花柴能抗御地表高温和大气干旱，能在 -50℃ 安全越冬，当流沙覆盖或挖排水渠的弃土掩埋深度达 50~80cm 时，仍能破土而出。

花花柴常与骆驼刺（Alhagis parsifolia）、芦苇（Phragmites communis）组成不同的群落，伴生种有刚毛柽柳（Tamarix hispida）、大叶白麻（Poachynum hendersonii）、蓼子朴（Inula salsoloides），混生疏叶骆驼刺、胀果甘草（Glycyrrhiza intlata）和芦苇等少量种类。

1.6　花花柴研究进展及其应用价值

新疆位于我国西北部，因属于典型的内陆干旱气候，所以农业生产几乎全部依赖人工灌溉。但与此同时，新疆的内陆盆地的山地岩石中都含有较高的可溶性盐分，灌溉所导致的后果之一就是不断地使这些盐分进入耕地。在内陆干旱气候的条件下，土壤淋溶非常微弱，水分上升极为强烈，盐分在土壤中迅速积累，最终导致灌溉区土壤出现不同程度的次生盐碱化。盐碱化会降低土地的产出率和农业综合生产能力，农民增收难，农业发展矛盾尖锐，对新疆地区的社会和谐稳定、经济可持续发展都产生了负面影响，增加了国内农业四大基地建设目标的实现难度。无论是对于耕地的肥力，还是其物理性状，次生盐碱化都会产生不良影响，盐碱化问题严重时，将会使土地发生退化直至弃耕，耕地也会因此逐渐向荒漠化的方向发展。盐碱化问题对于农作物最直接的影响就是产量的下降，严重时可导致土地绝收，此种危害主要通过土壤溶液作用植物细胞，使其正常的吸收机能和代谢机能受到抑制（杜良宗等，2021）。根据以往的统计结果，轻、中、重度盐碱化耕地的减产分别可达10%、15%~30%、30%~50%。灌区形成盐碱土受气候、地形、灌溉水水质、土壤、地下水水位及人为活动等多方面因素的影响。一般来说，土壤条件和灌溉水水质是盐碱土形成的基础，干旱的气候条件是灌区积盐的动力，而地形条件及地下水水位影响，是土壤盐碱化的发展因子，人为活动则不同程度地加剧了灌区盐碱化影响。

目前，新疆地区适宜畜牧业、林业、农业发展的土地面积约为$2.2×10^6 hm^2$，盐碱地面积约为$2.67×10^6$万hm^2，在全部可垦荒地面积中约占40%。根据新疆地区第二次土壤普查的结果，耕地盐碱化的总面积已近$1.23×10^6$万hm^2，占全部耕地面积的31.2%，轻、中、重度盐化土壤所占比例分别为15.8%、8.4%、5.9%（张龙德，2012）。为了实现财政部、农业农村部在"2021年重点强农惠农政策"中提出的"2021年建设1亿亩旱涝保收、高产稳产高标准农田"的目标，为了实现新疆在《政府工作报告》中提出的2021年工作重点："推动农业提质增效，坚持稳粮、优棉、强果、兴畜、促特色，突出优化布局、提升品质、稳定产量，推动棉花高质量发展，建设国家优质棉花、棉纱基地"的战略部署，盐碱地的改良将是未来较长一段时间的重点攻坚工程。

盐碱地的改良如果采用常规的水利和农业措施，使其达到降低土壤含盐量进而适于植物生长，无论从经费投入还是淡水资源方面都难以实现，而生物改良既能起到防风固沙的作用，还能对生态恢复起到积极作用，同时对土壤降盐将是一条良策。在生物改良土壤过程中，筛选具有优良的耐盐、耐旱等抗逆性的生物资源将是重中之重。而花花柴作为长期生长于干旱、盐碱等环境下的植物，从20世纪80年代起，就已经成为人们改良土壤过程中的首选植物。罗家雄等（1988，1987）对花花柴的繁殖方式、耐盐性进行了实验和评价，发现花花柴植株体内总盐含量占灰分的70%，认为花花柴为吸盐植物。此外，他们的研究还发现花花柴的主要营养成分的含量高于本地的骆驼刺、盐角草、猪毛菜等耐盐植物，粗蛋白质低于黄花苜蓿，粗脂肪则高于黄花苜蓿，花花柴还含有动物必需的17种氨基酸，以及磷、钙、铁、锰等矿质元素，是骆驼等动物的优良牧草。程昌平（1991）研究发现花花柴种子可在15~20g/L以NaCl为主的混合盐溶液中发芽，在此条件下的幼苗存活率达100%，成株可在含盐量为20~50g/L的土壤环境中正常生长，并且具有极强的脱盐能力，此外还具有极强的耐旱性。21世纪初贾磊等（2004）的研究发现，花花柴生长第一年能使土壤全盐降低52%~56%，第二年降低80%左右，使0~40cm土壤含盐量降到 1% 以下，基本达到复耕水平。研究还发现花花柴具有发达的盐腺、泌盐孔、特殊的表皮收集细胞和活跃的离子跨膜运输，这可能与花花柴有极强的脱盐能力有关。

随着人们对花花柴研究的深入，花花柴的药用价值也得以深入研究。杨亮杰等（2019）通过研究从花花柴地上部分中分离到 13 个化合物，其中有 9 个属于黄酮类化合物。这些天然产物的分离与分析为花花柴药用成分的深入研究提供了基础。

1.7　花花柴的抗逆性研究进展

张霞（2007）分析克隆了花花柴 *NHX* 基因家族的两个成员（*KcNHX1* 和 *KcNHX2*），为了初步确认 *KcNHXs* 是否为耐盐相关基因，对 *KcNHX1* 和 *KcNHX2* 进行了半定量 RT－PCR 的检测，结果发现，在盐胁迫条件下，*KcNHX1* 和 *KcNHX2* 表现出相同的表达趋势：在 300mmol/L NaCl 处理下受到明显诱导；而在高浓度 NaCl 处理下表达受到抑制。而且实验还表明，在正常情况下，通过 RT-PCR 可以检出 *KcNHX1* 比 *KcNHX2* 的表达量高，可通过 RT-PCR 检测出，说明两个基因在植物中可能起着不同的调控作用。刘陈等（2012）对花花柴进行 NaCl 胁迫处理，研究发现在高盐条件下，*KcPIP2;1* 基因的表达量上调，表明 *KcPIP2;1* 很可能与花花柴的抗盐机理有关。李彬等（2011）成功克隆到花花柴的 *NHX* 基因，并且研究发现，*NHX* 基因的超表达能够增强植物的抗盐性。杜驰等（2014）研究了花花柴 *miR398* 在高盐条件下，对 Cu/Zn 超氧化物歧化酶基因的调控机理，发现花花柴的 *miR398*、*CSD1* 和 *CSD2* 基因在盐胁迫条件下的过表达可以减轻盐胁迫对植物产生的氧化破坏。廖茂森（2013）利用 RACE 技术克隆和分析了 miRNAs 的靶基因及其在靶基因上的剪切位点，表明 *miR164*、*miR394* 及 *miR398* 通过降解靶基因 *CUC2*、*F-box* 及 *CSD2* 的 mRNA 水平调控基因表达，同时利用 qRT-PCR 技术检测了 11 个 miRNAs 在花花柴不同器官组织和逆境胁迫下的表达模式，表明花花柴 miRNAs 及其靶基因在盐胁迫下可以被诱导表达，各组织调控模式不一致，存在组织特异性，可能与植物的逆境适应有关。Zhang 等（2014）对盐胁迫下花花柴转录组的分析表明，在盐胁迫下，几个关键基因主要涉及 ABA 的代谢、运输、信号转导等途径。

综上所述，花花柴因其具有广谱抗逆性、极强的逆境环境适应性、丰富的营养物质、优良的抗逆基因资源及其生态恢复、盐碱地土壤改良等方面的良好的应用前景，而具有深入研究的价值和意义。

参考文献

程昌平，1991. 改良盐碱土的植物：花花柴 ［J］. 植物杂志（4）：6-7.

杜驰，廖茂森，张霞，等，2014. 盐胁迫下花花柴 *miR398* 对 Cu/Zn 超氧化物歧化酶基因的调控研究 ［J］. 西北植物学报，34（4）：682-688.

杜良宗，孙三民，谭昆，等，2021. 新疆土壤盐碱地形成的原因及改良措施 ［J］. 种子科技，39（3）：59-60.

贾磊，安黎哲，2004. 花花柴脱盐能力及脱盐结构研究 ［J］. 西北植物学报（3）：510-515.

李彬，康少锋，张莉，等，2011. 花花柴耐盐相关基因 NHX 的克隆与分析 ［J］. 塔里木大学学报，23（4）：31-39.

廖茂森，2013. 盐胁迫下花花柴 miRNAs 与靶基因相互作用研究 ［D］. 乌鲁木齐：新疆大学.

刘陈，李辉亮，郭冬，等，2012. 花花柴 KcPIP2;1 基因的克隆及表达分析 ［J］. 热带作物学报，33（1）：89-93.

罗家雄，程昌平，丁金石，等，1987. 耐盐植物：花花柴的利用研究 ［J］. 新疆农垦科技（3）：14-16.

罗家雄，程昌平，丁金石，等，1988. 花花柴利用的研究 ［J］. 中国草原（2）：16-20.

杨亮杰，谢丽琼，郭栋良，等，2019. 花花柴地上部分化学成分的研究 ［J］. 中成药，41（6）：1303-1307.

张龙德，2012. 新疆地区盐碱地的成因及治理措施 ［J］. 黑龙江水利科技，40（8）：193-194.

张霞，2007. 盐生植物 NHX 基因的克隆及花花柴 RNAi 载体构建与转化的研究 ［D］. 乌鲁木齐：新疆大学.

中国科学院中国植物志编辑委员会，1979. 中国植物志 ［M］. 北京：科学出版社.

ZHANG X, LIAO M, CHANG D, et al., 2014. Comparative transcriptome analysis of the Asteraceae halophyte Karelinia caspica under salt stress ［J］. BMC Research Notes, 7（1）：1-9.

2 花花柴种子萌发对逆境胁迫的响应

新疆荒漠地区是典型的大陆性气候，降水稀少，温差巨大，日照强烈，冬春多沙尘天气。生态系统脆弱，严重地制约着这些地区的农业生产和经济发展（国家林业局，2009）。因此，发掘和利用荒漠地区抗逆性强的植物，对恢复和重建生态系统、改善生态环境、促进农业和经济发展都将有重要意义。

荒漠区强干旱、高盐碱、极端温度的生境特点，使得生长于该地区的植物在长期的环境进化过程中形成了广谱抗逆性特点，普遍具有抗旱、耐盐碱、耐极端温度、耐贫瘠等性状。

植物的耐盐能力关系着植物在盐胁迫环境中的外观形态、新陈代谢和生长发育。盐胁迫造成的伤害主要有在离子胁迫、渗透胁迫、氧化胁迫下，造成植株呼吸受阻、营养亏缺和光合作用下降（毛秀红等，2010）。植物对盐胁迫环境的适应方式多种多样，外部形态变化、改变自身结构和调节生理机制都是植物对抗盐害的重要方式。

植株外界温度条件密切影响着植物的生理活动，高温对植物的伤害主要有直接伤害和间接伤害。直接伤害主要有生物膜受到破坏、蛋白质变性这些在很短时间内就会表现出来的伤害，直接影响细胞的结构。间接伤害是指植物缓慢地受到伤害，如植物毒素物质积累、蛋白质变性破坏等。

目前，关于花花柴在逆境环境下的生理特性研究仅仅局限于野外材料的采集及与其他荒漠植物的生理水平比较，并无关于花花柴在不同程度的干旱、盐碱和高温逆境下的生理响应系统研究。本研究在实验室内，采用梯度高温、不同浓度 PEG-6000 和 NaCl 模拟高温、干旱和盐胁迫，通过统计花花柴种子萌发率，测定花花柴幼苗膜透性和膜脂过氧化度（相对电导率和 MDA 含量）、保护酶系统（SOD、POD 和 CAT）以及叶片叶绿素含量的组分变化，探讨花花柴幼苗在高温、干旱和盐胁迫下的生理响应特性，确定花花柴对盐、干旱和高温耐受程度的临界值和极限值，揭示逆境胁迫下花花柴体内的抗氧化防御系统对细胞膜结构和功能完整性所起的作用，为认识花花柴适应逆境的机制及荒漠地区植被恢复与重建提供科学依据，同时花花柴富含多种矿物质和氨基酸，可为家畜提供饲料，具有重要的生态意义和经济价值。

2.1 材料与方法

2.1.1 材料采集与保存

新疆塔里木盆地的年平均降水量为 40~98.8mm，年蒸发量大于 2 000 mm；全年平均气温在 10.8℃，夏季最高气温为 30~42℃，冬季最低气温为 −30~−20℃，是花花柴在新疆分布的主要地区之一。花花柴种子于 2013 年 10 月在阿拉尔市（40°32′N，81°17′E）的荒漠土壤环境采得，种子经干燥后置于纸袋内，室温通风保存。

2.1.2 种子萌发期干旱胁迫试验设计

将培养皿（直径 10cm）清洗干净，高温灭菌，内置双层滤纸（直径 9cm）。种子用 5% 的次氯酸钠溶液消毒 3min，再用无菌水清洗 3 次，均匀地撒 50 粒种子于滤纸上，每个处理条件 3 个重复。将种子置于垫有两层滤纸的培养皿中，加入不同浓度的 PEG − 6000（5%，10%，15%，20%，25% 和 30%）模拟干旱。每 2d 换一次处理液，换液前先用相同的处理液润洗两次滤纸。每天记录胚芽和萌发种子数。

2.1.3 种子萌发期盐胁迫试验设计

将培养皿（直径 10cm）清洗干净，高温灭菌，内置双层滤纸（直径 9cm）。种子用 5% 的次氯酸钠溶液消毒 3min，再用无菌水清洗 3 次，均匀地撒 50 粒种子于滤纸上，每个处理条件 3 个重复。将种子置于垫有两层滤纸的培养皿中，加入不同浓度的 NaCl（0mmol/L，50mmol/L，100mmol/L，150mmol/L，200mmol/L，250mmol/L 和 300mmol/L）溶液。每 2d 换一次处理液，换液前先用相同的处理液润洗两次滤纸。每天记录胚芽和萌发种子数。

2.1.4 测定指标与方法

萌发率（％）＝ B/C×100（B 为处理 15d 后萌发的种子数；C 为种子总数）。分别测量萌发种子的胚根和胚芽长度。

2.1.5 数据分析

每个处理重复 3 次，实验结果为 3 次实验的平均值取标准差。利用 Excel 和 SPSS 17.0 软件对实验数据进行差异显著性分析、相关分析和作图。

2.2 干旱胁迫对花花柴种子萌发的影响

2.2.1 干旱胁迫对种子萌发率的影响

由图 2-1A 可以看出，随着 PEG 质量分数的升高花花柴种子最终萌发率呈降低趋势。当 PEG 质量分数在 5%～15% 范围时种子最终萌发率在 78.67%～85.33%，各处理间种子最终萌发率无显著差异；当 PEG 质量分数大于 15%

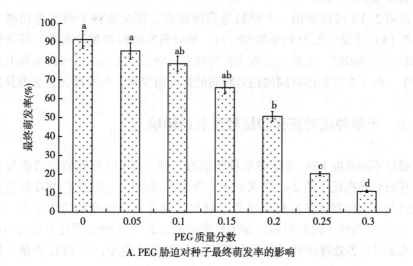

A. PEG 胁迫对种子最终萌发率的影响

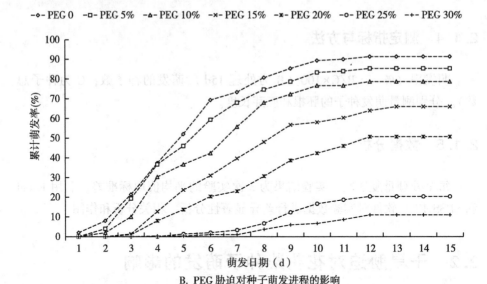

B. PEG胁迫对种子萌发进程的影响

图2-1　干旱胁迫对花花柴种子萌发率的影响

时，各胁迫处理的种子最终萌发率与对照（0%）相比差异显著。当PEG为20%时，花花柴种子最终萌发率达到临界值，为50.67%；PEG达到30%时种子最终萌发率仅为11%。表明PEG质量分数在5%～20%范围对种子萌发有显著影响，但种子最终萌发率依然能够保持在较高水平，PEG大于20%时种子最终萌发率急剧下降。

由图2-1B可以看出，干旱胁迫程度越高，花花柴种子萌发进程越为缓慢。当PEG质量分数为25%和30%时，相同萌发时间的累计萌发率显著低于其他胁迫处理浓度，表现出分散萌发的特点；而在PEG质量分数5%和10%的条件下，种子在较短的时间内达到较高的累计萌发率，与对照无显著差异。

2.2.2　干旱胁迫对胚芽和胚根生长的影响

通过不同浓度PEG对花花柴种子进行处理，15d后分别测量已萌发种子的胚芽长和胚根长。图2-2结果显示，胚根和胚芽的生长随着PEG胁迫程度的增强而受到抑制，胁迫程度越高抑制程度越显著。轻度的胁迫处理（PEG 5%）对花花柴种子的胚根和胚芽生长影响不显著；当PEG质量分数在10%～20%范围时，各处理间种子胚根和胚芽生长无显著差异；当PEG质量分数大于20%时，各胁迫处理的种子胚芽和胚根生长严重受到抑制。

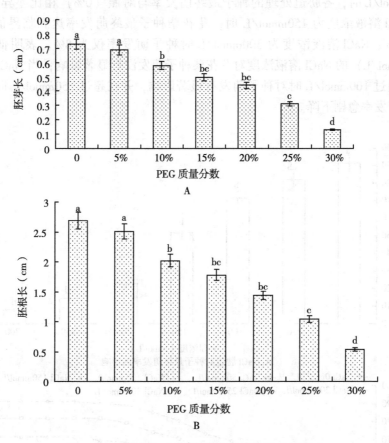

图 2-2   干旱胁迫对花花柴胚芽和胚根生长的影响

2.3   盐胁迫对花花柴种子萌发的影响

2.3.1   盐胁迫对种子萌发率的影响

由图 2-3A 可以看出，随着 NaCl 溶液浓度的升高花花柴种子最终萌发率呈降低趋势。当 NaCl 溶液浓度在 50～150mmol/L 范围时种子最终萌发率在

53.33%~82%，各处理间种子最终萌发率无显著差异；当 NaCl 溶液浓度大于 150mmol/L 时，各胁迫处理的种子最终萌发率与对照（0%）相比差异显著。当 NaCl 溶液浓度为 150mmol/L 时，花花柴种子最终萌发率达到临界值，为 53.33%；NaCl 溶液浓度为 300mmol/L 时种子萌发率仅为 8%。表明低浓度（50mmol/L）的 NaCl 溶液浓度对花花柴种子萌发没有显著影响；当 NaCl 溶液浓度超过 100mmol/L 时对种子萌发有显著影响，并在超过 150mmol/L 时种子最终萌发率急剧下降。

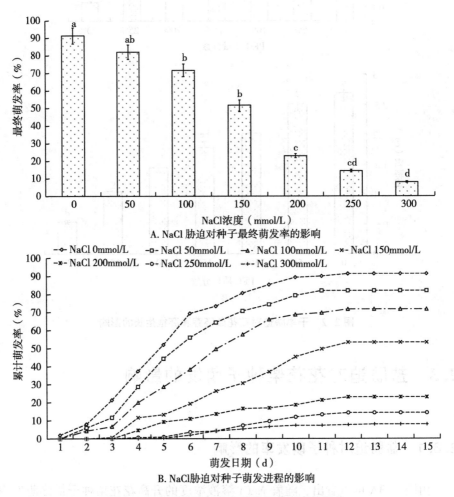

A. NaCl 胁迫对种子最终萌发率的影响

B. NaCl 胁迫对种子萌发进程的影响

图 2-3　NaCl 胁迫对花花柴种子萌发率的影响

由图2-3B可以看出，盐胁迫程度越高，花花柴种子萌发进程越为缓慢。当NaCl溶液浓度在50~100mmol/L时，胁迫下的种子萌发与对照几乎同一时间完成萌发；当NaCl溶液浓度在大于等于200mmol/L时，相同萌发时间的累计萌发率显著低于其他胁迫处理浓度，表现出分散萌发的特点。

2.3.2 盐胁迫对胚芽和胚根生长的影响

通过不同浓度NaCl溶液对花花柴种子进行处理，15d后分别测量了已萌发种子的胚芽长和胚根长。图2-4结果显示，胚根和胚芽的生长随着NaCl胁迫程度的增强而受到抑制，胁迫程度越高抑制程度越显著。轻度的盐胁迫处理

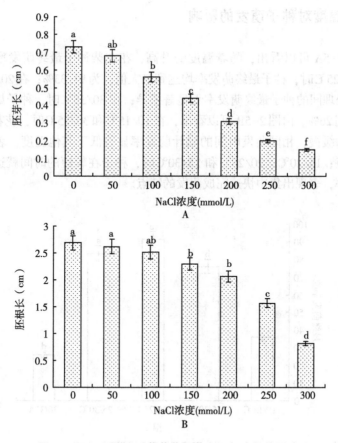

图2-4　NaCl胁迫对花花柴胚芽和胚根生长的影响

（50mmol/L）对花花柴种子的胚根和胚芽生长影响不显著；当 NaCl 溶液浓度在 100~300mmol/L 时，各胁迫下的胚芽长与对照有显著差异并彼此差异显著（图 2-4A）；胚根长在 100~200mmol/L 盐胁迫下，无显著差异（图 2-4B）。当 NaCl 溶液浓度大于 250mmol/L 时，各胁迫处理的种子胚芽和胚根生长严重受到抑制。由此说明，NaCl 对胚芽生长的抑制作用明显高于对胚根生长的抑制。

2.4 温度胁迫对花花柴种子萌发的影响

2.4.1 温度对种子萌发的影响

由图 2-5A 可以看出，随着温度的升高，花花柴种子最终萌发率呈降低趋势。在 20/25℃时，种子最终萌发率均达到最大值，为 91.33%；在 20/25℃~25/30℃内，处理间的种子最终萌发率无显著差异；在 30/35℃时，种子最终萌发率急剧下降到 26%。由图 2-5B 可以看出，在 10/15℃和 30/35℃时，花花柴种子萌发进程最为缓慢，相同萌发时间的累计萌发率显著低于其他温度，表现出分散萌发的特点；15/20℃、20/25℃和 25/30℃时，种子在较短的时间就达到较高的累计萌发率，表现出集中快速完成萌发的特点。

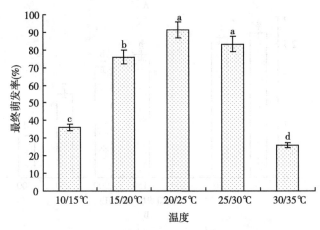

A．温度对种子最终萌发率的影响

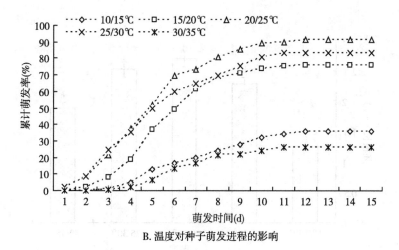

B. 温度对种子萌发进程的影响

图 2-5　温度对花花柴种子萌发率的影响

2.4.2　温度对胚芽和胚根生长的影响

　　将花花柴种子放入 5 个不同变温条件的环境下萌发，15d 后分别测量了已萌发种子的胚芽长和胚根长。图 2-6 结果显示，胚根和胚芽的生长随着温度的增加，呈现先升高后降低的趋势，过高或过低的温度均会影响种子胚根、胚芽的生长。在 20/25℃时，种子胚根和胚芽的生长均达到最长。在 20/25℃ 和

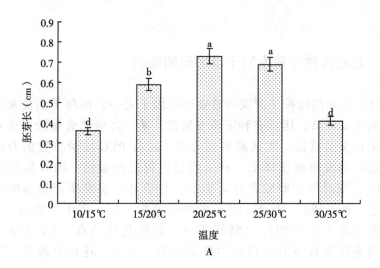

A

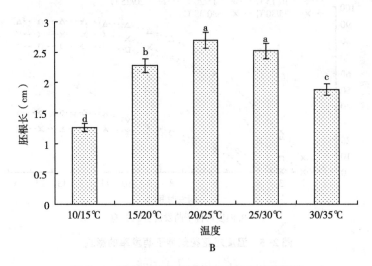

图 2-6　温度对花花柴胚芽和胚根生长的影响

25/30℃内，处理间的种子胚根和胚芽长无显著差异；在 10/15℃和 30/35℃内，处理间的胚芽长度无显著差异，而胚根差异显著。由此说明，高温对胚芽生长的抑制作用明显高于对胚根生长的抑制。

2.5　讨　论

2.5.1　花花柴种子萌发对干旱胁迫的响应

水分是影响植物种子萌发的重要环境因子之一，而种子萌发是植物生长周期的重要环节。因此在种子萌发阶段，萌发环境水含量的多少对种子萌发与生长至关重要。本试验研究表明，随着 PEG 质量分数的升高花花柴种子最终萌发率逐渐降低、种子萌发进程变得缓慢；PEG 质量分数在 5%~20%范围对种子萌发有显著影响，种子最终萌发率依然能够保持在 50%以上；种子胚芽、胚根的生长同种子萌发一样，在干旱胁迫下，PEG质量分数越高生长受到的抑制越明显。表明花花柴在 PEG 质量分数为5%~20%范围条件下具有较强的抗旱能力。其中，花花柴种子萌发和胚根、胚芽生长在 PEG 5%条件下与对照无显著差异，可能原因是种子在轻度水分缺失时，具有补偿和超补偿效应（高世铭等，1995）。相较其他荒漠植物，花花柴种子萌发期对低水势的忍耐能力同梭梭（*Haloxylon ammodendron*）（高世铭等，1995）和苦豆子（*Sophoraalopecuroides*）（司马义·巴拉提等，2010）类似。根据（小麦临界值的概念）一般对种子发芽率的界定，我们将花花柴在最终发芽率为50%时的 PEG 浓度定义为其干旱胁迫的临界值，本试验结果表明，花花柴在萌发过程中能耐受的 PEG 浓度的临界值为20%。

2.5.2 花花柴种子萌发对盐胁迫的响应

在高盐环境中，对植物种子萌发的影响是渗透作用和离子毒害作用，主要表现为萌发率降低、萌发时间延长等（曾幼玲等，2006）。在本研究中，花花柴种子萌发明显受到高浓度 NaCl 溶液的抑制。本试验研究表明，随着高浓度 NaCl 溶液浓度的升高花花柴种子最终萌发率逐渐降低、种子萌发进程变得缓慢。NaCl 溶液浓度在 50~150mmol/L 范围对种子萌发有显著影响，种子最终萌发率依然能够保持在50%以上；种子胚芽、胚根的生长同种子萌发一样，NaCl 溶液浓度越高生长受到的抑制越明显。表明花花柴在低浓度的盐胁迫条件下具有较强的抗盐能力。其中，花花柴种子萌发和胚根、胚芽生长在 50mmol/L 条件下与对照无显著差异。低盐溶液浓度对种子萌发没有影响，高浓度盐溶液抑制种子萌发，其原因可能是离子效应起到的作用：一方面低浓度的 Na^+、Cl^- 渗入种子，降低种子渗透势，加速吸水而促进种子萌发生长；另一方面高浓度的 Na^+、Cl^- 造成种子的细胞膜透性增加，膜内 K^+、Na^+ 外渗量增大，淀粉酶尤其 α - 淀粉酶活性迅速下降，使可溶性糖和蛋白酶含量降低，直接毒害从而抑制种子萌发（代莉慧等，2012；乌凤章等，2008）。其他荒漠植物研究结果表明，轻度盐胁迫对白茎盐生草（*Halogetonarachnoideus*）（程龙等，2015）、盐节木（高瑞如等，2009）和硬枝碱蓬（*Suaeda rigida*）（韩占江等，2015）种子无显著影响，甚至会促进种子萌发；重度胁迫时，胁迫程度越大对种子萌发的抑制越显著。这与本试验研究结果一致。

2.5.3 花花柴种子萌发对温度的响应

温度是影响植物种子萌发与生长的重要影响因子之一，过低或者过高的温度均会造成种子内酶变性而影响萌发。种子成熟后往往会进入休眠期，等待合适的环境适宜才开始萌发，种子通过感知高温、低温或变温来判断季节的变化及微环境的差异，选择合适的时机开始植物的生活史，较高的环境温度导致种子休眠度加深，而低温则对于种子破除休眠有着非常关键的作用，有些植物的种子需要在特定的温度下才能萌发，而有些植物种子的萌发需要一个变温过程。本试验研究表明，过高或过低的温度均会对花花柴种子的最终萌发率和萌发进程有显著影响；对种子胚根和胚芽的生长有明显抑制。说明在低温环境下，种子内生理代谢活动弱于适宜温度下的种子，从而造成最终萌发率和胚根胚芽的生长均小于适宜温度萌发下的种子。Yamauchi（2004）等研究表明，4℃下的拟南芥（*Arabidopsis thaliana*）种子 GA 活性水平和参与 GA 合成代谢的基因均小于 22℃下的种子。在高温下花花柴种子萌发和胚根胚芽生长受到抑制，说明高温除了造成种子热休眠致使萌发率下降外，亦会影响种子的生理代谢。

参考文献

代莉慧，蔡禄，吴金华，等，2012. 盐碱胁迫对盐生植物种子萌发的影响 [J]. 干旱地区农业研究，30（6）：134-138.

高瑞如，赵瑞华，杨学军，2009. 盐分和温度对盐节木幼苗早期生长的影响 [J]. 生态学报，29（10）：5395-5405.

高世铭，赵松岭，1995. 半干旱区春小麦水分亏缺补偿效应研究 [J]. 15（8）：32-35.

国家林业局，2009. 中国荒漠化和沙化土地图集 [M]. 北京：科学出版社.

韩占江，程龙，杨赵平，等，2015. 硬枝碱蓬种子萌发对盐旱胁迫的响应 [J]. 北方园艺（4）：63-66.

毛秀红，刘翠兰，燕丽萍，等，2010. 植物盐害机理及其应对盐胁迫的策略 [J]. 山东林业科技（4）：128-130.

司马义·巴拉提，卡德尔·阿布都热西提，2010. 干旱胁迫下甘草等八种牧草种子萌发特性及抗旱性差异研究 [J]. 科技通报, 26 (3): 391-395.

乌凤章, 刘桂丰, 姜静, 等, 2008. 种子萌发调控的分子机理研究进展 [J]. 北方园艺 (2): 54-58.

曾幼玲, 蔡忠贞, 2006. 盐分和水分胁迫对两种盐生植物盐爪爪和盐穗木种子萌发的影响 [J]. 生物学杂志, 25 (9): 1014-1018.

程龙, 韩占江, 石新建, 等, 2015. 白茎盐生草种子萌发/特性及其对盐旱胁迫的响应 [J]. 干旱区资源与环境, 29 (3): 131-136.

YAMAUCHI Y, OGAWA M, KUWAHARA A, et al., 2004. Activation of gibberellin biosynthesis and response pathways by low temperature during imbibition of Arabidopsis thaliana seeds [J]. The Plant Cell, 16 (2): 367-378.

3　花花柴植株对逆境胁迫的响应

花花柴在正常的生长条件下，在其代谢中，存在一个产生活性氧及消除活性氧的动态平衡过程。随着 PEG 模拟干旱胁迫程度的加深和胁迫时间的延长（Li et al.，2019），幼苗叶片上的蓝色斑点逐渐变多、区域逐渐变大，当在PEG 25%、48h 条件下时，叶片大部分被染成蓝色（Li et al.，2019）。在 PEG 5%~15% 胁迫下，相对电导率呈现先升高后降低的趋势，丙二醛（MDA）在上升后维持在稳定水平，说明花花柴在轻度胁迫的 48h 内，其膜的稳定较强，即使质膜受到损伤，也会在一定时间后快速修复。这也可能是其对干旱逆境的一种重要适应机制。在 PEG 20% 胁迫下的幼苗，在 12h 后 MDA 含量稳定，而在 PEG 25% 胁迫下的幼苗 MDA 含量随着胁迫时间延长不断增加；这些说明花花柴幼苗在 PEG 20%、12h 时活性氧的产生与清除速率达到平衡，为 MDA 含量的临界值；而 PEG 25% 时胁迫下的幼苗细胞内活性氧产生速率大于清除速率，造成植株逐渐萎蔫并死亡。

细胞膜是植物细胞抵抗外界逆境的第一道防线，其保护膜的完整性对植物的代谢是十分重要的。在盐胁迫下，植物细胞膜透性增加，膜质氧化，细胞膜结构遭到破坏，进一步影响植物的其他生理活动。更高盐浓度则导致植株死亡，MDA 即是这个反应的主要产物。细胞膜在盐胁迫下的受损伤程度亦与植株品种相关。一般来说，耐盐植物细胞膜系统遭受损害较小，表现为相对电导率低，MDA 含量小；而非耐盐植物细胞膜受损害表现与此相反。台盼蓝染色也是检测植物细胞受损程度的最直接的观察方法。在本试验研究中，随着盐胁迫程度的加深和胁迫时间的延长，幼苗叶片上的蓝点逐渐变多、区域逐渐变大。当在 500mmol/L、48h 条件下时，叶片大部分被染成蓝色。当 NaCl 溶液浓度小于等于 300mmol/L 时，各处理下的花花柴幼苗在胁迫一定时间后，MDA 含量和相对电导率趋于稳定水平，说明在轻度胁迫的 48h 内，花花柴的膜稳定较强，即使质膜受到损伤，细胞膜内的保护酶系统也会在一定时间后快速修复，这也可能是其对高盐逆境的一种重要适应机制。

高温胁迫对植物体光合作用有巨大影响，高温会破坏植物体叶绿体、线粒体等的结构，降解光合色素，抑制光合作用。本研究对花花柴在高温条件下的光合效率及相关指标进行了测定。显示在非高温条件下花花柴的净光合速率和蒸腾速率随着光照强度和气温的升高表现出先升高后降低的趋势，而气孔导度则正好相反，其随着气温的升高呈现由大变小再由小变大的趋势；在高温条件下，净光合速率无论是上部叶片、中部叶片还是下部叶片其变化趋势都不明显，而气孔导度和蒸腾速率在上部叶片和中部叶片中随着光照强度和气温的升高表现出先升高后降低的趋势，在下部叶片中，气孔导度和蒸腾速率的变化没有明显的规律。相比非高温条件，高温条件下光合速率明显低于同一时间非高温条件，气孔导度则明显高于非高温条件，而各部位蒸腾速率的平均值差异不显著，但上部叶和中部叶在高温条件下蒸腾速率的最大值却远远高于非高温条件下的最大值。胞间 CO_2 的浓度在两种气温下变化不大。

3.1　材料与方法

3.1.1　试验材料

试验所用的花花柴种子采自新疆阿拉尔市塔里木大学人工绿地及塔克拉玛干沙漠十二团沙漠公路旁（40° 32′N，81° 17′E），在室内种植。

3.1.2　花花柴干旱胁迫试验

选取均匀饱满的花花柴种子，播种于 V（营养土）：V（蛭石）＝2：1 的混合基质中，用蒸馏水浇灌，于温度为 $23 \pm 2℃$，光照为 16h/d，光强为 $600\mu mol/（m^2 \cdot s）$ 的温室中培养。

幼苗长 60d 时，选取高 15cm 左右、大小均匀的花花柴幼苗进行处理，将幼苗移入蒸馏水中缓苗 3d，再将幼苗移入浓度为 5%、10%、15%、20%、25% 和 30% 的 PEG-6000 溶液中，在胁迫处理 0h、4h、8h、12h 和 24h 后，分别取幼苗的叶和根各 5g，进行丙二醛（MDA）、超氧化物歧化酶（SOD）、过氧化物酶（POD）、过氧化氢酶（CAT）、叶绿素 a 和叶绿素 b 等指标的测定，每个指标 3 次重复。

3.1.3　花花柴盐胁迫试验

将花花柴种子播种于营养土中，每个花盆播种 15 粒左右，待大部分种子萌发后，用自来水浇灌，每周 1~2 次，每次浇透。室温培养温度为 23±2℃，光照 16h/d，光强为 600μmol/（m² · s）。

幼苗长 60d 时，选取高 15cm 左右、大小均匀的幼苗进行水培，缓苗 3d 后分别移入 0mmol/L（对照），200mmol/L、300mmol/L、400mmol/L 和 500mmol/L 的 NaCl 溶液中，光照 16h/d，其他培养条件不变。对各 NaCl 浓度幼苗在 6h、12h、24h 和 48h 时采集幼苗叶片，分别进行丙二醛（MDA）、超氧化物歧化酶（SOD）、过氧化物酶（POD）、过氧化氢酶（CAT）指标的测定，每个指标 3 次重复。

3.1.4　花花柴高温胁迫试验

将花花柴种子播种于营养钵（营养土：蛭石＝2：1）中，每个营养钵播种 15 粒，待大部分种子萌发后，用自来水浇灌，每周 1 次，每次浇透。室温（25±2℃），光照/黑暗为 16h/8h，光强为 600μmol/（m² · s）。培养至两个月时，选取株高 15~20cm 大小长势良好的幼苗进行高温胁迫试验。

将所选取幼苗的花盆分别放入 25℃（对照）、40℃、45℃和 50℃培养箱中，光照时间及光照强度不变：光照/黑暗为 16h/8h，光强为 600μmol/（m² · s）。对 40℃处理的幼苗，分别在处理 6h、12h、24h 和 48h 时采集幼苗叶片；对 45℃处理的幼苗，分别在处理 2h、4h、6h、8h、12h 和 24h 时采集幼苗叶片；对 50℃处理的幼苗，分别在处理 1h、2h、3h 和 4h 时采集幼苗叶片；分别进行丙二醛、电导率、SOD、POD 及 CAT 指标的检测，每个处理设 3 次重复。

3.2　花花柴植株对干旱胁迫的生理响应

3.2.1　干旱胁迫对花花柴幼苗叶片 MDA 含量的影响

在干旱条件下，植物细胞的原生质膜往往发生过氧化作用，生成丙二醛

（MDA），因此丙二醛的含量往往是衡量植物耐旱程度的一个重要指标。由图3-1A可以看出，在胁迫处理的四个时间点内，胁迫时间越长，各个胁迫处理下的幼苗MDA含量与对照（CK）相比，差异越显著；当PEG质量分数在5%~15%时，各时间点内胁迫处理的幼苗之间无显著差异。

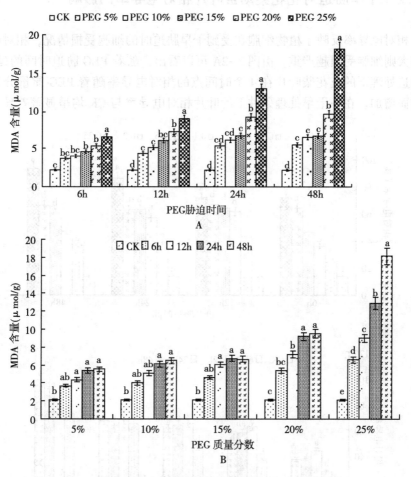

图3-1　干旱胁迫对花花柴幼苗叶片MDA含量的影响

由图3-1可知，在各干旱胁迫条件下的幼苗MDA含量随着胁迫时间的延长而升高；当PEG质量分数为5%~15%时，各干旱胁迫下的4个时间段的幼苗MDA含量与对照均呈显著差异，但各胁迫处理时间之间无显著差异，在胁迫处理 24h 后，MDA 含量维持在 6μmol/g 左右，为对照 MDA 含量的 3 倍；当 PEG 质量分数超过 20%时，各胁迫处理下的幼苗 MDA 含量随着胁迫时间的延长而增加，并在 PEG 25%、48h 下达到最大值，为对照的 9 倍。

3.2.2　干旱胁迫对花花柴幼苗叶片相对电导率的影响

　　相对电导率反映了植物细胞在受到干旱胁迫时的细胞受损情况，相对电导率越大则细胞受损越严重。由图 3-2A 可以看出，随着 PEG 胁迫时间的延长，各胁迫处理下的花花柴叶片在 4 个时间点的相对电导率随着 PEG 质量分数的增加而增加。在各干旱处理条件下的叶片相对电导率与 CK 均呈显著差异。由

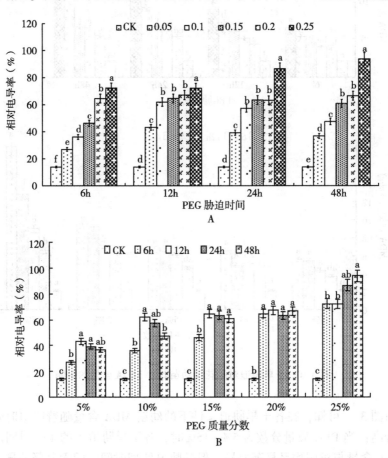

图 3-2　干旱胁迫对花花柴幼苗叶片相对电导率的影响

图 3-2B 可以看出，当 PEG 质量分数在 5%～15% 时，叶片相对电导率随着胁迫时间的增加呈先升高后降低的趋势，并在 6h 和 12h 处与 CK 彼此差异显著，在 6h 和 12h 时，彼此无显著差异；当 PEG 为 20% 时，该处理下的幼苗叶片相对电导率在 4 个时间点内彼此无显著差异；当 PEG 为 25% 时，6h 处理下的叶片相对电导率急剧升高，在处理 24h 后，相对电导率超过 100%，植株萎蔫。

3.2.3 干旱胁迫对花花柴幼苗叶片保护酶活性的影响

3.2.3.1 干旱胁迫对花花柴幼苗叶片 SOD 活性的影响

植物体内抗氧化系统清除活性氧的第一道防线是 SOD，可以催化超氧根阴离子转化为水和氧气，是活性氧的净化剂。由图 3-3A 可知，PEG 质量分数在 5%～20% 条件下的幼苗 SOD 随着胁迫时间的延长，活性越高，在 24h 后分别维持在相对稳定的水平；PEG 25% 条件下的幼苗 SOD 活性随着胁迫时间延长呈现出先升高再降低的趋势；因此 PEG 20% 为花花柴幼苗 SOD 活性的极限忍耐浓度。由图 3-3B 可知，在处理 6h 和 12h 时，SOD 活性随着 PEG 质量分数的升高而升高，各同一处理时间内的 PEG 质量分数彼此差异显著；在处理 24h 和 48h 时，SOD 活性随着 PEG 质量分数的升高呈现出先升高后降低的趋势；PEG 20% 处理下的幼苗在胁迫 12h 后，SOD 一直维持在较高的活性值上，为对照的 6.4 倍；而 PEG 25% 处理下的幼苗在胁迫 12h 后 SOD 活性降低，在胁迫 48h 时活性降到最低，仅为对照的 2.4 倍。

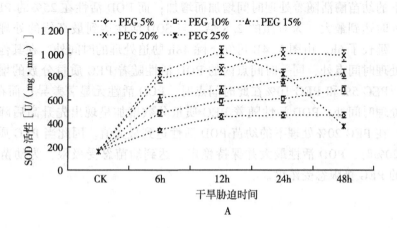

A

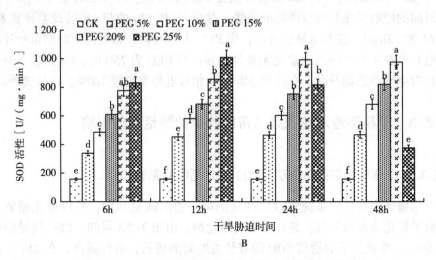

图 3-3　干旱胁迫对花花柴幼苗叶片 SOD 活性的影响

3.2.3.2　干旱胁迫对花花柴幼苗叶片 POD 活性的影响

POD 是植物体清除活性氧系统另外重要的一种酶，可以将 SOD 的歧化产物过氧化氢进一步分解成水和氧气，所以 SOD 和 POD 的酶活呈现正相关，这亦与本试验的结果相符。由图 3-4A 可知，除 25% 的 PEG 处理下的幼苗随着处理时间增加 POD 酶活呈现先升高后降低趋势外，其他 PEG 处理条件下的幼苗酶活随着处理时间增加而增加；而 POD 活性在 25% 的 PEG 处理 24h 时达到最大，为对照的 2.8 倍，与 SOD 活性达到最高值的处理条件不同，延长了 6h。由图 3-4B 可知，除 48h 胁迫处理的时间外，在其他三个胁迫处理时间点处，同一时间点内的 POD 活性随着 PEG 质量分数的增大而升高；PEG 5% 和 PEG 10% 在此时间点时，POD 活性无显著差异；而在 48h 胁迫处理时间处，POD 活性随着 PEG 质量分数增加呈现出先升高后降低的趋势，在 PEG 20% 处理下的幼苗 POD 活性达到最大值。因此当 PEG 质量分数为 20% 时，POD 活性最大并保持稳定，达到幼苗忍受极限，为幼苗 POD 活性的 PEG 极限忍受浓度。

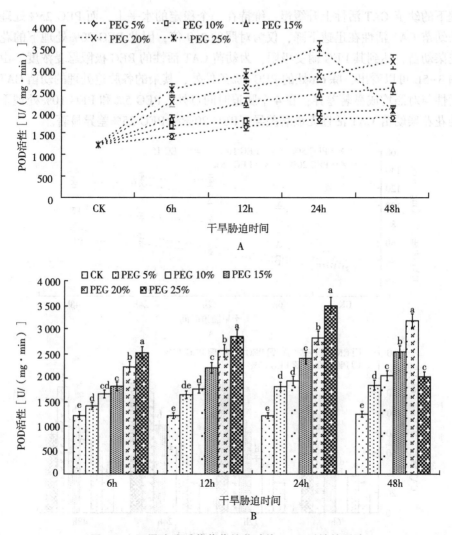

图 3-4 干旱胁迫对花花柴幼苗叶片 POD 活性的影响

3.2.3.3 干旱胁迫对花花柴幼苗叶片 CAT 活性的影响

CAT 也是植物清除活性酶系统的一种保护酶，主要清除过氧化氢。由图 3-5A 可知，在干旱胁迫的前 24h 内，各 PEG 质量分数下胁迫的幼苗 CAT 活性随着胁迫时间的增加而迅速升高，PEG 25%处理下的幼苗 CAT 活性在胁迫 24h 达到最大，为对照的 4.4 倍；当胁迫时间在 24～48h 时，PEG 5%～20%处理下的幼苗 CAT 活性上升缓慢，维持在一个稳定的水平上，而 PEG 25% 处理的幼苗 CAT 活性在迅速下降，仅为对照的 2.9 倍；因此 PEG 20% 处理下的花花柴幼苗，达到其 PEG 耐受极限，为幼苗 CAT 活性的 PEG 极限忍受浓度。由图 3-5B 可以看出，除 6h 处的 PEG 5% 条件外，其余的各胁迫处理的幼苗 CAT 活性与对照均成显著差异；在 4 个胁迫时间点处，PEG 5% 和 PEG 10% 处理下的花花柴幼苗 CAT 活性无显著差异，PEG 20% 和 PEG 25% 差异显著。

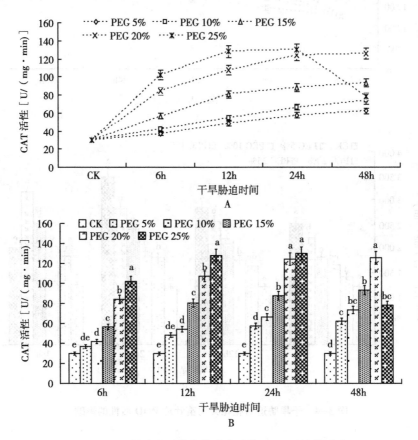

图 3-5   干旱胁迫对花花柴幼苗叶片 CAT 活性的影响

3.2.4   干旱胁迫对花花柴幼苗叶片叶绿素含量的影响

叶绿素是植物叶片进行光合作用的重要参与物质，其含量在一定程度上反映了叶片同化物质的能力，是衡量植物叶片生理机能强弱的重要参数。在干旱条件下，叶片的缺水不仅会影响叶绿素的合成，而且会促进已经合成的叶绿素的分解，因此叶绿素的含量在一定程度上也反映了植物抵御逆境环境能力的重要指标。由图 3-6 可以看出，随着胁迫程度的加深和胁迫时间的延长，叶绿素 a、叶绿素 b 和总叶绿素呈下降趋势，说明干旱胁迫促进了叶绿素的降解。在干旱胁迫的前 24h 内，各干旱胁迫处理间的叶片叶绿素 a、叶绿素 b 和总叶绿素含量无显著差异；当胁迫时间在 48h 时，PEG 10%~25%处理下的幼苗叶片叶绿素 a 含量与对照差异显著，PEG 15%~25%处理下的叶片叶绿素 b 和总叶绿素含量与对照差异显著。因此 PEG 15%为花花柴叶绿素 PEG 耐受能力的临界值。总叶绿素含量与对照相比，分别下降了 7.7%、12.9%和 18.8%。由此可见，重度的干旱胁迫显著抑制了花花柴叶片叶绿素的合成，并加速其降解。

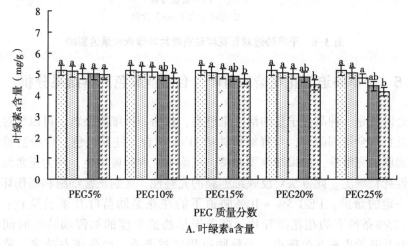

A. 叶绿素a含量

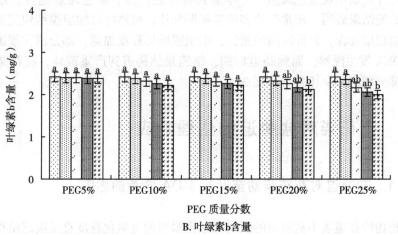

B. 叶绿素b含量

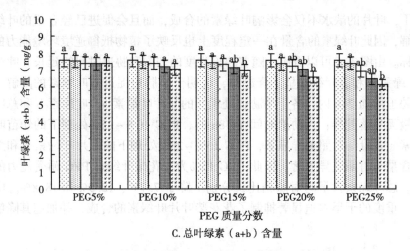

C. 总叶绿素（a+b）含量

图 3-6　干旱胁迫对花花柴幼苗叶片叶绿素含量的影响

3.2.5　干旱胁迫下花花柴幼苗叶片台盼蓝染色观察结果分析

台盼蓝是一种高分子量的活性染色剂，作为一种细胞染料，可以穿过受损或者死亡的全透细胞膜，与降解解体的 DNA 结合，使其着色。台盼蓝检测的是细胞膜的完整性，如果细胞膜完整，细胞不被台盼蓝染色，则为正常细胞或程序性死亡细胞。此方法对反映细胞膜的完整性，区别正常细胞和损伤坏死细胞有一定的帮助。PEG 5%~10% 胁迫下的花花柴幼苗叶片未被染色；PEG 15%~25% 条件下的花花柴叶片，随着干旱胁迫程度的加深和胁迫时间的延长，叶片开始出现蓝色斑点，干旱胁迫程度越严重，染色斑点越多、范围越大。试验结果表明，正常叶片和胁迫初期叶片，植物叶片细胞膜结构完整。随着胁迫程度加深、处理时间的延长，细胞膜破坏程度加剧，部分植物细胞膜损坏，DNA 发生降解。而到胁迫后期，细胞膜结构遭到严重破坏，花花柴叶片绝大部分细胞完全坏死（彩图 3-7）。

3.3　花花柴对盐胁迫的生理响应

3.3.1　盐胁迫对花花柴幼苗叶片 MDA 含量的影响

植物所在逆境中盐胁迫的强弱和细胞膜脂的过氧化程度直接决定植株叶片

中丙二醛的含量（黄海燕等，2015）。由图3-8可以看出，在胁迫处理的4个时间点内，胁迫时间越长，各个胁迫处理下的幼苗MDA含量与对照（CK）相比，差异越显著；当NaCl溶液浓度在200~300mmol/L时，各时间点内胁迫处理的幼苗之间无显著差异。由图3-8B可知，在400~500mmol/L的NaCl胁迫条件下的幼苗MDA含量随着胁迫时间的延长而升高；当NaCl溶液浓度在200~300mmol/L时，各盐胁迫下的4个时间段的幼苗MDA含量与对照均呈显著差异，但各胁迫处理时间之间幼苗的MDA含量无显著差异，且趋于稳定水

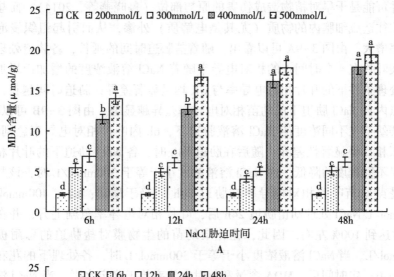

A

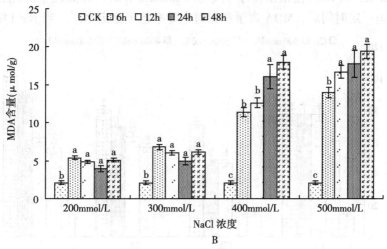

B

图3-8　盐胁迫对花花柴幼苗叶片MDA含量的影响

平，为对照的 2.5~3 倍；当 NaCl 溶液浓度超过 300mmol/L 时，各胁迫处理下的幼苗 MDA 含量随着胁迫时间的延长而增加，并在 500mmol/L、48h 下达到最大值，为对照的 9.6 倍。

3.3.2 盐胁迫对花花柴幼苗叶片相对电导率的影响

质膜作为植物细胞与外界环境相互作用的界面层，必然受到环境胁迫的影响，并可能是干旱对植物造成伤害的原初部位（鲁晓燕等，2014）。而盐胁迫下，往往造成细胞内的物质（尤其是电解质）外渗，从而引起组织浸泡液的电导率增大。由图 3-9A 可以看出，随着盐胁迫时间的延长，各胁迫处理下的花花柴叶片在 4 个时间点的相对电导率随着 NaCl 溶液浓度的增加而增加。在各盐处理条件下的叶片相对电导率与 CK 均呈显著差异；胁迫时间越长，同一时间点内各 NaCl 胁迫下的幼苗相对电导率差异越显著。由图 3-9B 可以看出，花花柴幼苗在不同浓度的 NaCl 溶液胁迫下，6h 内叶片相对电导率急剧升高，与对照相比呈显著性差异；随后在胁迫 24h 时，各 NaCl 胁迫下的叶片相对电导率呈不同程度的降低。当 NaCl 溶液浓度小于等于 300mmol/L 时，该胁迫下的花花柴幼苗叶片相对电导率在胁迫 24h 后趋于稳定；而在 400mmol/L 和 500mmol/L NaCl 处理幼苗胁迫 24h 后，叶片相对电导率急剧上升，并在胁迫 48h 时达到 100% 左右。因此，花花柴幼苗的生物膜对盐胁迫的忍耐极限为 300mmol/L。当 NaCl 溶液浓度小于等于 300mmol/L 时，各处理下的花花柴幼苗在胁迫一定时间后，MDA 含量和相对电导率趋于稳定水平；当 NaCl 溶液浓

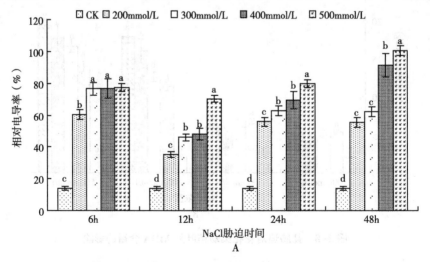

A

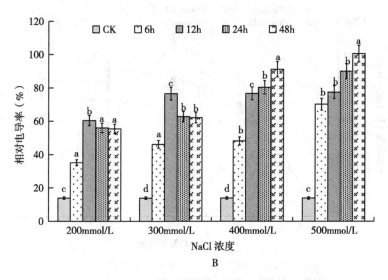

图 3-9 NaCl 胁迫对花花柴幼苗叶片相对电导率的影响

度大于 300mmol/L 时，MDA 含量增多，相对电导率增大，植株逐渐萎蔫死亡。

3.3.3 盐胁迫对花花柴幼苗叶片保护酶活性的影响

3.3.3.1 盐胁迫对花花柴幼苗叶片 SOD 活性的影响

SOD 是植物体内清除活性氧的第一道防线，可清除 O^{2-} 的危害（鲁晓燕等，2014）。由图 3-10A 可知，NaCl 溶液浓度在 200~400mmol/L 条件下的幼苗 SOD 随着胁迫时间的延长，活性越高，在 24h 后 200~300mmol/L 条件下的幼苗 SOD 活性维持在相对稳定的水平；500mmol/L 条件下的幼苗 SOD 活性在胁迫 24h 时达到最高，随后急剧下降。由图 3-10B 可知，在 4 个胁迫时间点下不同 NaCl 胁迫的幼苗 SOD 活性与对照差异显著；在 6h 和 12h 处理时间点，SOD 活性随着 NaCl 溶液浓度的升高而升高；在 24h 和 48h 处理时间点，SOD 活性随着 NaCl 溶液浓度的升高呈现出先升高后降低的趋势；500mmol/L 的 NaCl 胁迫幼苗在胁迫 12h 后，SOD 活性最高，为对照的 6.8 倍，随着胁迫时间延长 SOD 活性降低，在胁迫 48h 时活性降到最低，仅为对照的 3.7 倍。

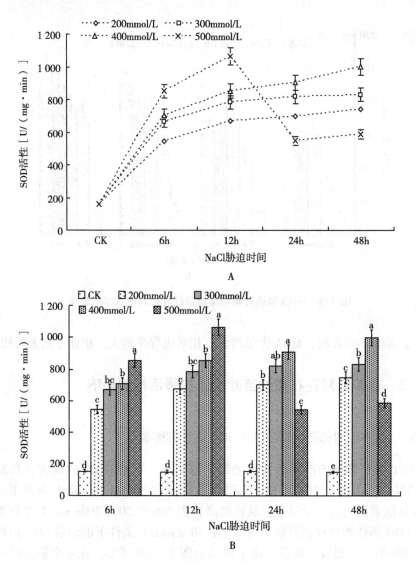

图 3-10 NaCl 胁迫对花花柴幼苗叶片 SOD 活性的影响

3.3.3.2 盐胁迫对花花柴幼苗叶片 POD 活性的影响

POD 是以过氧化氢为电子受体催化底物氧化的酶，可清除植物体内 SOD 催化反应的产物过氧化氢，从而使需氧生物体免受过氧化氢的毒害（刘凤歧等，2015）。由图 3-11A 可知，200mmol/L 和 300mmol/L 的 NaCl 处理下的幼苗 POD 酶活随着胁迫时间增加增加，400mmol/L 和 500mmol/L 的 NaCl 处理条件下的幼苗 POD 酶活随着处理时间增加而呈先升高后降低趋势。由图 3-11B 可知，在 4 个胁迫时间点下不同 NaCl 胁迫的幼苗 POD 活性与对照有显著差异；在 6h、12h 和 24h 胁迫处理时间点，同一时间点内的 POD 活性随着 NaCl 溶液浓度的增大而升高；在 48h 处理时间点，POD 活性随着 NaCl 溶液浓度的升高呈现出先升高后降低的趋势；POD 活性在 500mmol/L、12h 条件下达到最大，为对照的 2.9 倍；在 500mmol/L、48h 条件下达到最小，为对照的 87%。

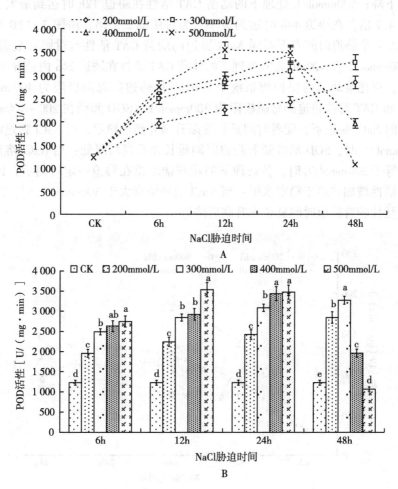

图 3-11 NaCl 胁迫对花花柴幼苗叶片 POD 活性的影响

3.3.3.3 盐胁迫对花花柴幼苗叶片 CAT 活性的影响

CAT 也是植物清除活性酶系统的一种重要保护酶，主要催化 H_2O_2 分解成 H_2O 和 O_2（鲁艳等，2014）。由图 3-12A 可知，在盐胁迫的前 24h 内，各 NaCl 溶液浓度（除 50mmol/L 外）下胁迫的幼苗 CAT 活性随着胁迫时间的增加而迅速升高，200mmol/L 和 300mmol/L 处理下的幼苗在胁迫 24h 后 CAT 活性趋于稳定，400mmol/L 和 500mmol/L 下的幼苗分别在胁迫 24h 和 12h 后 CAT 活性下降；500mmol/L 处理下的幼苗 CAT 活性在胁迫 12h 时达到最大，为对照的 4.7 倍，在胁迫 48h 时达到最小，为对照的 2.7 倍。由图 3-12B 可以看出，在 4 个胁迫时间点下不同 NaCl 胁迫的幼苗 CAT 活性与对照有显著差异，而 300mmol/L 和 400mmol/L 处理下的幼苗 CAT 活性在胁迫 24h 内差异不显著。因此，花花柴幼苗的保护酶系统中 SOD 对盐胁迫的忍耐极限为 400mmol/L，POD 和 CAT 对盐胁迫的忍耐极限为 300mmol/L。SOD 酶活在 200~400mmol/L 浓度的 NaCl 胁迫下，随着时间延长逐渐升高并趋于稳定，当 NaCl 胁迫浓度为 500mmol/L 时，SOD 活性随着胁迫时间延长先升高后降低；当 NaCl 溶液浓度小于等于 300mmol/L 时，各处理下的花花柴幼苗在胁迫一定时间后，POD 和 CAT 活性增加并趋于稳定水平；当 NaCl 溶液浓度大于 300mmol/L 时，POD 和 CAT 活性随着胁迫时间延长先升高后降低。

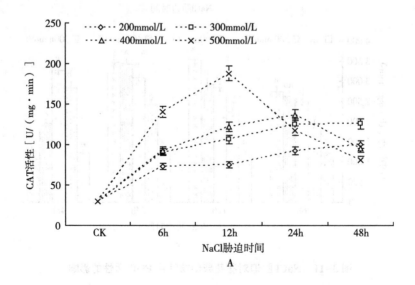

A

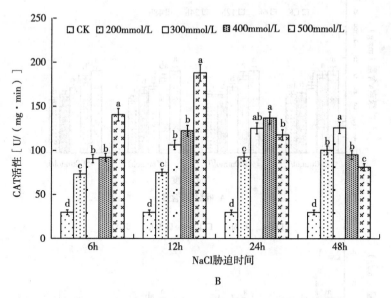

图 3-12　NaCl 胁迫对花花柴幼苗叶片 CAT 活性的影响

3.3.4　盐胁迫对花花柴幼苗叶片叶绿素含量的影响

叶绿体是植物细胞在逆境中最敏感的细胞器之一，在盐胁迫下，叶绿体降解、叶绿素含量下降，整个植株光合能力减弱（李建民等，2014）。由图 3-13 可以看出，随着 NaCl 胁迫程度的加深和胁迫时间的延长，叶绿素 a、叶绿素 b 和总叶绿素含量呈下降趋势；说明盐胁迫造成了叶绿素的降解。在盐胁迫的前 6h 内，200~400mmol/L 盐胁迫范围内，每个胁迫处理浓度内的各时间胁迫下测得叶片叶绿素 a、叶绿素 b 和总叶绿素含量无显著差异；当胁迫时间大于 12h 时，各 NaCl 溶液浓度处理下的幼苗叶片叶绿素 a、叶绿素 b 和总叶绿素含量与对照差异显著。在胁迫 48h 时，200~500mmol/L NaCl 胁迫下的幼苗总叶绿素含量与对照相比，分别为对照的 82%、81%、71% 和 70%。由此可见，重度的盐胁迫显著抑制了花花柴叶片叶绿素的合成，并加速其降解。因此 400mmol/L 的 NaCl 胁迫浓度为花花柴叶绿素 NaCl 耐受能力的临界值。

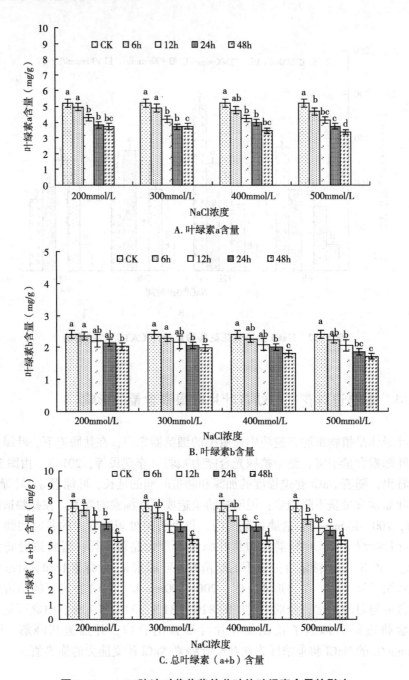

A. 叶绿素a含量

B. 叶绿素b含量

C. 总叶绿素（a+b）含量

图3-13 NaCl胁迫对花花柴幼苗叶片叶绿素含量的影响

3.3.5　盐胁迫下花花柴幼苗叶片台盼蓝染色观察结果分析

台盼蓝检测的是细胞膜的完整性，如果细胞膜完整，细胞不被台盼蓝染色，则为正常细胞或程序性死亡细胞。此方法对反映细胞膜的完整性，区别正常细胞和损伤坏死细胞有一定的帮助。由彩图 3-14 可知，在 200mmol/L 的 NaCl 胁迫下，48h 内花花柴幼苗叶片未被染色；当 NaCl 溶液浓度为 300mmol/L 时，幼苗叶片在前 24h 内无染色，48h 处出现微小蓝斑；而在 400mmol/L 和 500mmol/L 的 NaCl 溶液胁迫下的幼苗在胁迫 6h 后，叶片出现蓝色斑点，胁迫时间越长，斑点越多、范围越大。试验结果表明，盐胁迫程度加深、胁迫时间的延长，花花柴幼苗细胞膜破坏程度越严重，部分细胞膜损坏，DNA 发生降解；到胁迫后期，细胞膜结构遭到严重破坏，花花柴叶片绝大部分细胞完全坏死。

3.4　花花柴植株对高温胁迫的生理响应

3.4.1　高温胁迫对花花柴幼苗叶片 MDA 含量的影响

丙二醛是植物细胞膜脂过氧化的主要产物之一，是评价植物耐热性的重要指标。由图 3-15A 可以看出，在 40℃高温胁迫 6h 内，细胞 MDA 含量急剧升高，

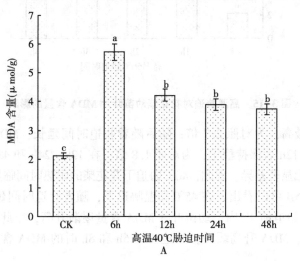

A

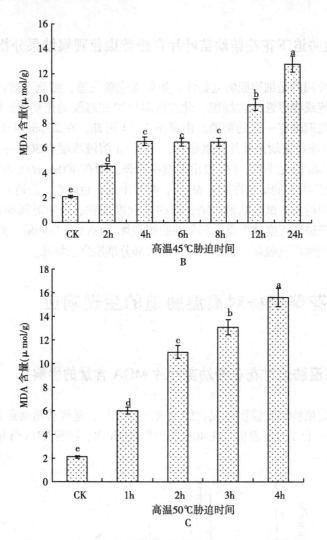

图3-15　高温胁迫对花花柴幼苗叶片MDA含量的影响

在6h处达到最高，为对照2.7倍；随后随着胁迫时间延长，MDA含量逐渐降低，并在胁迫12h后保持稳定，为对照1.8倍；在12h、24h和48h胁迫时的幼苗MDA含量无显著差异。因此，40℃胁迫下花花柴的耐热时间临界值为6h。

由图3-15B可以看出，在45℃高温胁迫下，随着胁迫时间延长MDA含量逐渐增加；在胁迫前4h内，幼苗叶片MDA含量逐渐升高，彼此差异显著；在胁迫4~8h内，MDA升高缓慢，胁迫4h、6h和8h时的MDA含量彼此无显著差异，MDA 含量为对照的 3.1 倍左右；在胁迫 8h 后，MDA 含量急剧上升，胁迫 8h、12h 和 24h 时的 MDA 含量彼此差异显著，在 24h 达到最高，为对照的 6.1 倍。因此，45℃胁迫下花花柴的耐热时间极限值为 8h。

由图 3-15C 可以看出，在 50℃高温胁迫下，幼苗叶片 MDA 含量随着胁迫时间的增加而增加。在胁迫各时间点的 MDA 含量与对照差异显著；在胁迫 24h 时幼苗 MDA 含量达到最高，为对照的 7.4 倍。

3.4.2　高温胁迫对花花柴幼苗叶片相对电导率的影响

由图 3-16A 可以看出，在 40℃高温胁迫下，叶片相对电导率呈先升高后降低趋势，在 12h 处达到最高，为对照的 4.9 倍，6h 和 12h 胁迫处的幼苗相对电导率无显著差异；随后随着胁迫时间延长，相对电导率下降，在胁迫 24h 后保持稳定，为对照的 3.1 倍左右；在 24h 和 48h 胁迫处的幼苗相对电导率无显著差异。因此，40℃胁迫下花花柴的耐热时间临界值为 12h。

由图 3-16B 可以看出，在 45℃高温胁迫下，随着胁迫时间延长相对电导率逐渐增加；在胁迫前 2h 内，相对电导率急剧升高；在胁迫 2~8h 内，叶片相对电导率升高缓慢，在此胁迫时间内的相对电导率彼此无显著差异，为对照的 4.8 倍左右；在胁迫 8h 后，相对电导率急剧上升，胁迫 8h、12h 和 24h 处的相对电导率彼此差异显著，在 24h 处达到最高，为 103.5%，是对照的 7.4 倍。因此，45℃胁迫下花花柴的耐热时间极限值为 8h。

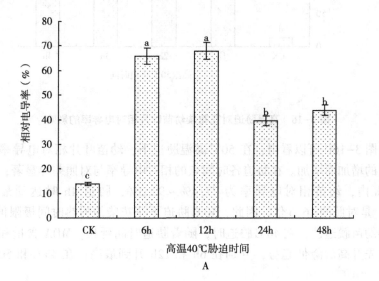

A

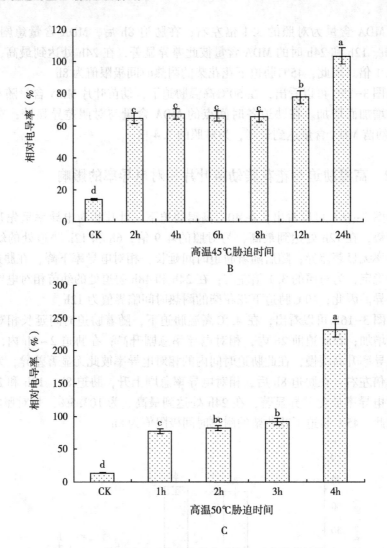

图3-16 高温胁迫对花花柴幼苗叶片相对电导率的影响

由图 3-16C 可以看出，在 50℃高温胁迫下，幼苗叶片相对电导率随着胁迫时间的增加而增加。在胁迫各时间点的相对电导率与对照差异显著；在高温胁迫 3h 内，幼苗相对电导率为 77.4%～92.3%，胁迫 4h 时达到最高，为 233%，是对照的 16.6 倍。因此，50℃胁迫下花花柴的耐热时间极限值为 3h。花花柴幼苗膜透性，在 40℃胁迫时，随着胁迫时间延长，MDA 含量和相对电导率呈先升高后降低趋势，分别在 6h 和 12h 升到最高；在 45℃和 50℃胁迫时，随着胁迫时间延长，MDA 含量和相对电导率逐渐升高。花花柴幼苗的膜透性，在 40℃温度下对高温胁迫的耐热时间临界值为 6~12h；在 45℃温度下对高温耐热时间极限值为 8h；50℃胁迫下花花柴的耐热时间极限值为 3h。

3.4.3 高温胁迫对花花柴幼苗叶片保护酶活性的影响

3.4.3.1 高温胁迫对花花柴幼苗叶片 SOD 活性的影响

在高温胁迫下，植物细胞体内产生 ROS，SOD 是植物体内清除活性氧的第一道防线，可清除 O_2^- 的危害（杨小飞等，2014）。由图 3-17A 可知，40℃温度下，花花柴幼苗叶片 SOD 活性随着高温胁迫时间延长逐渐升高。在胁迫前 24h 内，SOD 活性迅速升高，在此时间内的各胁迫时间处的 SOD 活性与对照组 CK 差异显著；胁迫 24h 后，SOD 活性缓慢升高，在 24h 和 48h 处的 SOD 活性无显著差异；在 48h 处的 SOD 活性达到最高，为 CK 的 4.8 倍。因此，40℃胁迫下花花柴的耐热时间临界值为 24h。

由图 3-17B 可以看出，在 45℃高温胁迫下，随着胁迫时间延长幼苗 SOD 活性呈先上升后降低趋势。在胁迫前 8h 内，叶片 SOD 活性随着胁迫时间急剧上升，在此时间内的各胁迫时间点的 SOD 活性与 CK 差异显著，并在 8h 时达到最大，为 CK 的 6.4 倍；在胁迫 8h 后，SOD 活性迅速下降，在 24h 时降到最低，为对照的 91.1%。因此，45℃胁迫下花花柴的耐热时间极限值为 8h。

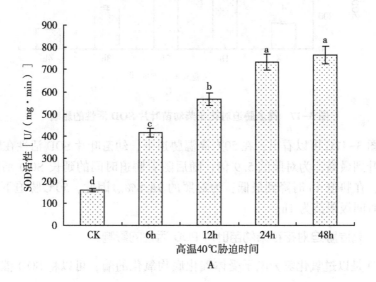

A

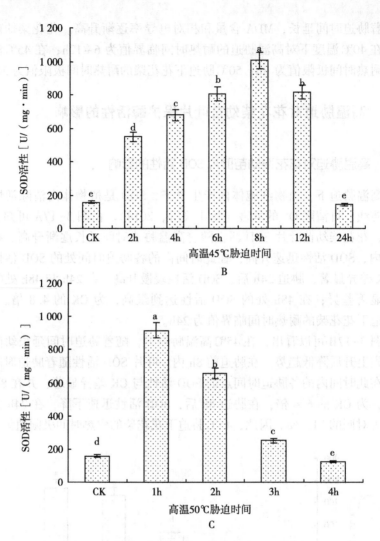

图3-17　高温胁迫对花花柴幼苗叶片 SOD 活性的影响

由图3-17C 可以看出，在50℃高温胁迫下，幼苗叶片 SOD 活性在胁迫 1h 内急剧升到最高，为对照的 5.9 倍；随后随着胁迫时间的延长 SOD 活性又迅速下降，在胁迫 4h 时降到最低，为对照的 78.8%。因此，50℃胁迫下花花柴的耐热时间极限值为 1h。

3.4.3.2　高温胁迫对花花柴幼苗叶片 POD 活性的影响

POD 是以过氧化氢为电子受体催化底物氧化的酶，可以将 SOD 催化反应

的产物 H_2O_2 分解成 H_2O 和 O_2。由图 3-18A 可知，40℃温度下，花花柴幼苗叶片 POD 活性随着高温胁迫时间延长呈先升高后降低趋势。在胁迫前 12h 内，POD 活性迅速升高，在 6h 和 12h 处的 POD 活性与 CK 差异显著，胁迫 12h 后，POD 活性下降，在 12h 和 24h 处的 POD 活性无显著差异。POD 活性在 12h 时达到最高，为 CK 的 1.6 倍；在 48h 时降到最低，为 CK 的 84.9%。因此，40℃胁迫下花花柴的 POD 耐热时间临界值为 12h。

由图 3-18B 可以看出，在 45℃高温胁迫下，随着胁迫时间延长幼苗 POD 活性呈先上升后降低趋势。在胁迫前 4h 内，叶片 POD 活性在 2h 时稍微下降后，随着胁迫时间延长急剧上升，并在 4h 时达到最大，为 CK 的 1.3 倍；在胁迫 4h 后，POD 活性迅速下降，在 24h 时降到最低，为对照的 9.6%；在此时间内的各胁迫时间点的 POD 活性差异显著。因此，45℃胁迫下花花柴的 POD 耐热时间极限值为 4h。

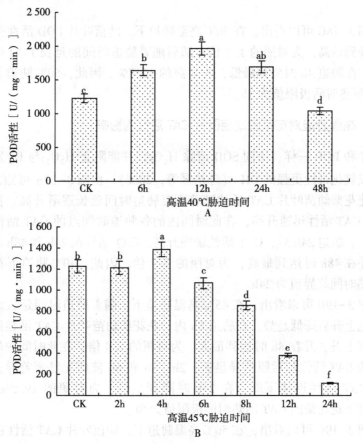

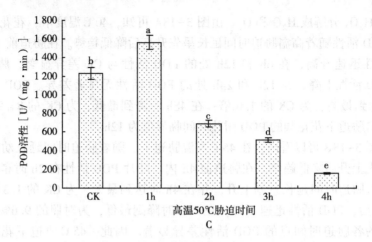

图 3-18　高温胁迫对花花柴幼苗叶片 POD 活性的影响

由图 3-18C 可以看出，在 50℃高温胁迫下，幼苗叶片 POD 活性在胁迫 1h 内急剧升到最高，为对照的 1.3 倍；随后随着胁迫时间的延长 POD 活性又迅速下降，在胁迫 4h 时降到最低，为对照的 12.7%。因此，50℃胁迫下花花柴的 POD 耐热时间极限值为 1h。

3.4.3.3　高温胁迫对花花柴幼苗叶片 CAT 活性的影响

CAT 和 POD 一样，协同 SOD 清除 H_2O_2，并能阻止 H_2O_2 与 O_2 发生螯合作用生成氧化毒性更强的 OH^-（陈培琴等，2006）。由图 3-19A 可知，40℃温度下，花花柴幼苗叶片 CAT 活性随着高温胁迫时间延长逐渐升高。在胁迫前 24h 内，CAT 活性迅速升高，在此时间内的各胁迫时间点的 CAT 活性与对照差异显著；胁迫 24h 后，CAT 活性缓慢升高，CAT 活性在 24h 和 48h 时无显著差异；并在 48h 时达到最高，为对照的 2.2 倍。因此，40℃胁迫下花花柴的 CAT 耐热时间临界值为 24h。

由图 3-19B 可以看出，在 45℃高温胁迫下，随着胁迫时间延长幼苗 CAT 活性呈先上升后降低趋势。在胁迫 8h 内，花花柴幼苗叶片 CAT 活性随着胁迫时间急剧上升，并在 8h 时达到最大，为对照的 1.8 倍。在此时间内的各胁迫时间点的 CAT 活性与对照差异显著，2h、4h 和 6h 彼此无显著差异；在胁迫 8h 后，CAT 活性迅速下降，在 24h 时降到最低，为对照的 29.5%。因此，45℃胁迫下花花柴的 CAT 耐热时间极限值为 8h。

由图 3-19C 可以看出，在 50℃高温胁迫下，幼苗叶片 CAT 活性在胁迫 1h

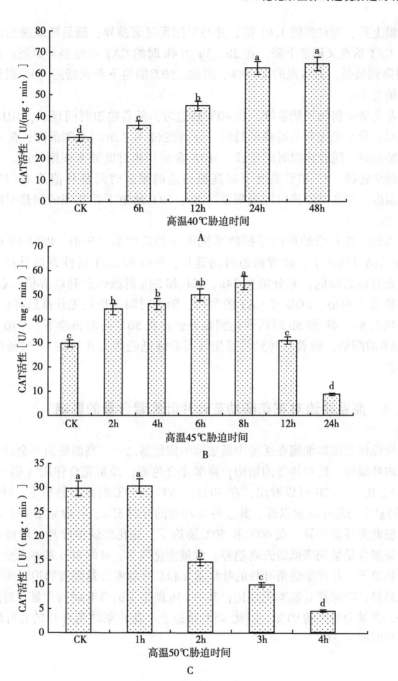

A

B

C

图 3-19 高温胁迫对花花柴幼苗叶片 CAT 活性的影响

内缓慢上升，为对照的 1.01 倍，并与对照无显著差异；随后随着胁迫时间的延长 CAT 活性又迅速下降，在 2h、3h 和 4h 时的 CAT 活性差异显著；在胁迫 4h 时降到最低，为对照的 14.9%。因此，50℃胁迫下花花柴的 CAT 耐热时间极限值为 1h。

花花柴幼苗保护酶系统，在 40℃胁迫时，随着胁迫时间延长，MDA 含量和相对电导率呈先升高后降低趋势，分别在 6h 和 12h 时升到最高；在 45℃和 50℃胁迫时，随着胁迫时间延长，MDA 含量和相对电导率逐渐升高。花花柴幼苗的生物膜，在 40℃温度下对高温胁迫的耐热时间临界值为 6~12h；在 45℃温度下对高温耐热时间极限值为 8h；50℃胁迫下花花柴的耐热时间极限值为 3h。

因此，花花柴幼苗的保护酶系统中三种活性酶（SOD、POD 和 CAT），在 40℃高温胁迫下，随着胁迫时间延长，SOD 和 CAT 活性逐渐升高，POD 活性先升高后降低，并分别在 24h、12h 和 24h 时活性达到临界值；在 45℃高温胁迫下 SOD、POD 和 CAT 的酶活，随着时间延长呈先升高后降低趋势，并分别在 8h、4h 和 8h 时活性达到临界值；在 50℃高温胁迫下，SOD、POD 和 CAT 的酶活，随着时间延长呈先升高后降低趋势，并均在 1h 时活性达到临界值。

3.4.4 高温胁迫对花花柴幼苗叶片叶绿素含量的影响

叶绿体是植物细胞在逆境中最敏感的细胞器之一，高温胁迫下会破坏植物细胞内叶绿体、线粒体等的结构，降解光合色素，抑制光合作用（杨小飞等，2014）。由图 3-20 可以看出，在 40℃、45℃和 50℃的高温胁迫下，除 45℃，24h 胁迫下的总叶绿素以外，其余各处理间的叶绿素 a、叶绿素 b 和总叶绿素含量彼此无显著差异。在 40℃和 50℃胁迫下，花花柴幼苗叶片的叶绿素 a 和总叶绿素含量呈先降低后升高趋势，含量变化微小；叶绿素 b 基本无变化。在 45℃胁迫下，花花柴幼苗叶片的叶绿素 a 和总叶绿素含量随着胁迫时间延长呈降低趋势，叶绿素 b 基本无变化；其中 24h 胁迫下的总叶绿素含量与对照差异显著，含量为对照的 91%。因此 45℃胁迫下，花花柴幼苗叶片的总叶绿素忍耐临界时间为 24h。

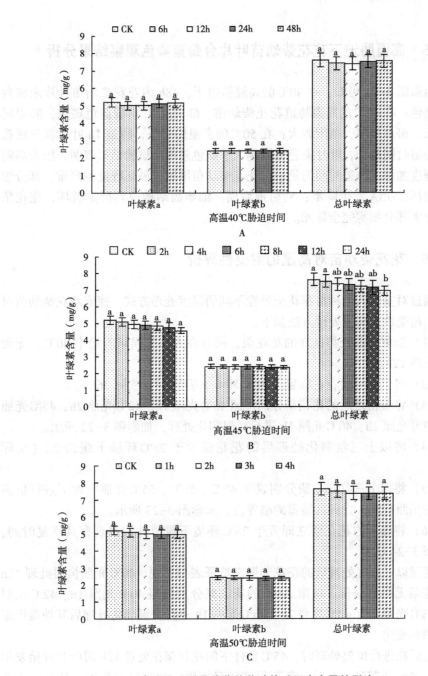

图 3-20 高温胁迫对花花柴幼苗叶片叶绿素含量的影响

3.4.5　高温胁迫下花花柴幼苗叶片台盼蓝染色观察结果分析

由彩图 3-21 可知，在 40℃的高温胁迫下，48h 内花花柴幼苗叶片未被台盼蓝染色；在 45℃的高温胁迫花花柴幼苗，6h 后叶片出现蓝色斑点，胁迫时间越长，斑点越多、范围越大；在 50℃的高温胁迫下，胁迫 1h 叶片就出现蓝斑，胁迫时间越长，叶片染色范围越大、颜色越深。试验结果表明，随着高温胁迫程度加深、胁迫时间的延长，花花柴幼苗细胞膜破坏程度越严重，部分细胞膜损坏，DNA 发生降解；到胁迫后期，细胞膜结构遭到严重破坏，花花柴叶片绝大部分细胞完全坏死。

3.4.6　花花柴幼苗对高温的耐受性评价

通过对室内人工种植花花柴设置不同的温度处理方式，探索花花柴幼苗对高温的耐受性。高温处理方法如下。

（1）选取三盆长势良好的花花柴，同时在人工气候培养箱中 40℃、光照恒温处理 12h。

（2）将以上三盆花花柴置于 28℃环境下缓苗 2d（实际 36h）。

（3）将缓苗之后的花花柴分别按照 40℃光照 1h、42℃光照 2h、45℃光照 2h、42℃光照 2h、40℃光照 1h 进行变温驯化处理，如彩图 3-22 所示。

（4）将以上三盆驯化处理后的花花柴置于 28℃环境下缓苗 2d（实际 36h）。

（5）将以上三盆花花柴分别置于 45℃、50℃、55℃光照条件下进行恒温处理并拍照观察，找到其萎蔫的临界值，如彩图 3-23 所示。

（6）将萎蔫的花花柴立即置于 28℃环境下缓苗并拍照观察其恢复时间，如彩图 3-24 所示。

通过以上高温处理后的花花柴形态特征表型发现，40℃光照恒温处理 12h 的花花柴无明显变化。缓苗 2d 后的花花柴分别按照 40℃光照 1h、42℃光照 2h、45℃光照 2h、42℃光照 2h、40℃光照 1h 进行变温驯化处理后其外观形态也无明显变化。

此后在进行恒温处理时，45℃条件下的花花柴在处理 12h 时叶片开始发生卷曲，继续处理到 22h 时，萎蔫程度明显加强、叶片卷曲严重，处理停止并 28℃缓苗恢复 2h 后，其叶片从顶端开始恢复伸展；50℃条件下的花花柴在处理 4h 时叶片发生卷曲，但是顶端良好，在处理到 8h 时卷曲的叶片增多，但是顶端依然无明显变化，继续处理到 10h 时，萎蔫程度明显加强、叶片卷曲严重、顶端开始萎蔫、植株出现倒伏，继续处理到 12h 时已经到达植株的最大耐受点，随后处理停止并 28℃ 缓苗恢复 12h 后，其叶片恢复伸展、植株不再倒伏；55℃ 条件下的花花柴在处理 7h 时叶片发生轻微卷曲，在处理到 8h 时卷曲的叶片增多，但是顶端依然无明显变化，继续处理到 9.5h 时，萎蔫程度明显加强、叶片卷曲严重、顶端开始萎蔫、植株出现轻微倒伏，此时已经到达植株的最大耐受点，随后处理停止并 28℃ 缓苗恢复 14.5h 后，其侧叶恢复伸展，但顶端受损严重已无法恢复，植株出现严重倒伏。

3.5 高温胁迫对荒漠植物花花柴大分子结构的影响

3.5.1 高温处理不同时长花花柴植株的表型变化

通过 45℃ 高温处理后的表型发现（彩图 3-25），在 45℃ 处理 2h 和 4h 时花花柴萎蔫程度不明显，而在处理 8h 时花花柴叶片开始卷曲，继续处理到 12h 时萎蔫程度明显加强、叶片卷曲严重。

3.5.2 花花柴 45℃ 处理不同时长叶片 DNA、RNA 及蛋白质的降解程度

花花柴 DNA 在 45℃ 高温处理 2h、4h、8h 时和对照无明显差别（图 3-26A 中的 1~4 泳道），DNA 基本没有降解；而在高温处理 12h 时泳道出现弥散条带（图 3-26A 中的第 5 泳道），表明 DNA 明显降解。花花柴 RNA 在 45℃ 高温处理 2h、4h 时和对照无明显差别（图 3-26B 中的 1~3 泳道），处理 8h、12h 时花花柴 RNA 降解明显（图 3-26B 中的 4~5 泳道）。花花柴蛋白质在 45℃ 高温处理 2h 时蛋白质含量升高，处理 4h 时较对照微略下降，处理 8h 和 12h 时蛋白质含量明显下降（图 3-26C 中的 4~5 泳道）。

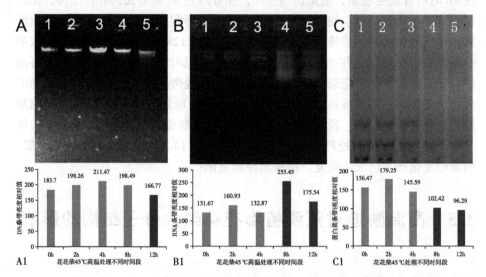

图 3-26   45℃处理不同时间点花花柴 DNA、RNA 及蛋白质电泳图

(注：图中 A 为 45℃处理花花柴不同时间点的 DNA 电泳图，B 为 RNA 电泳图，C 为蛋白质电泳图。其中 1 到 5 泳道分别为花花柴在 45℃高温处理 0h、2h、4h、8h、12h 的样品。A1、B1、C1 分别为 A、B、C 对应条带亮度相对值柱形图)

3.5.3 彗星电泳检测花花柴细胞的损伤程度

彗星电泳结果显示（彩图 3-27），在 45℃高温处理 0h、2h、4h 时分别有约 0%、6.3%和 10%的细胞发生拖尾现象，在处理 8h、12h 时，分别约有 22.9%和 32.5%的细胞出现拖尾现象，而且在 8h、12h 时细胞形态已明显发生改变，表明 8h、12h 时花花柴叶片细胞受到了严重损伤。

3.6 讨 论

细胞膜是植物细胞抵抗外界逆境的第一道防线，其保护膜的完整性对植物的代谢是十分重要的（江绪文等，2015）。在逆境胁迫下，植物叶片的相对电导率变化与丙二醛变化呈正相关（邵艳军等，2006），细胞膜受损越严重，相对电导率越高，丙二醛含量亦越大（黄彩变等，2014）。台盼蓝染色也是检测植物细胞受损程度的最直接的观察方法。在逆境胁迫下，植物细胞膜透性增加，膜质氧化，细胞膜结构遭到破坏，进一步影响植物的其他生理活动（薛秀栋等，2013）。更强烈的逆境胁迫则导致植株死亡，丙二醛（MDA）即是这个反应的主要产物。细胞膜在盐胁迫下的受损伤程度亦与植株品种相关。一般来说，抗逆植物细胞膜系统遭受损害较小，表现为相对电导率低，MDA含量小；而非耐盐植物细胞膜受损害表现与此相反（邓敏捷等，2013）。花花柴的细胞膜稳定性较强，即使质膜受到损伤，细胞膜内的保护酶系统也会在一定时间后快速修复，这也可能是其对高盐逆境的一种重要适应机制。

植株抗逆性的强弱，关键在于植物细胞内保护酶系统酶活的强弱。很多研究表明，在正常情况下植物细胞内的 ROS 产生与清除处于动态平衡；但在盐胁迫时，植株代谢紊乱，产生大量活性氧（陈宝悦等，2014），对细胞造成损害；植物为避免活性氧的损害，将主动调控抗氧化保护酶（POD、SOD 和 CAT）系统，清除产生的活性氧进而维持新的代谢动态平衡（刘建新等，2014）。本试验研究中，在逆境胁迫下，三种酶活性随胁迫时间延长均呈上升趋势，说明这三种酶在花花柴幼苗抗氧化防御中起着重要作用。重度胁迫时，三种酶活性随着胁迫时间延长呈先升高后降低趋势，说明随着胁迫时间的延长，叶片内抗氧化酶活性受到破坏，ROS 的积累超过其清理能力，并最终造成花花柴死亡。因此在逆境胁迫下，从 POD、SOD 和 CAT 在各胁迫条件的活性变化率来看，呈现出不同的增长速率和到达峰值时间的特点，花花柴对逆境胁迫的敏感性为 SOD>POD>CAT。由此可见，SOD 作为花花柴幼苗体内的第一道抗氧化防线，能够迅速歧化多余的 O^{2-}，产生 H_2O_2，随后又能同时形成氧化能力更强的 OH^-。由 CAT 和 POD 组成的保护细胞第二道防线在此时发挥作用。盐胁迫前期 SOD 活性升高后，CAT 在低浓度上升，是清除 SOD 代谢产生的 H_2O_2，而 POD 后期的升高主要清除过多的 H_2O_2，在后期发挥作用。这与研究人员对万寿菊（*Tagetes erecta*）（刘敏等，2013）和桑苗（*Morus alba*）（林天宝等，2013）的 NaCl 胁迫特性研究结果一致。

在环境对植物的多种逆境胁迫中，高温胁迫会使植株在短时间永久萎蔫甚至死亡。花花柴作为荒漠植物，在长期对逆境环境的适应中形成对高温、干旱、盐碱等逆境的耐受性，具有很强的自我调节和适应能力。自然条件下，新疆塔克拉玛干沙漠最高气温出现在 7 月，极端最高气温可达 45.6℃，而本试验选择的 45℃对于长期生长于塔克拉玛干沙漠边缘的花花柴来说相当于极端最高气温。高温胁迫对植物核酸的损伤分为直接效应和间接效应，直接效应是核酸分子吸收热能而遭受损伤，如加热会促使核苷酸中连接碱基与糖组分的 β-N-糖苷键发生水解断裂，间接效应是高温胁迫引起的活性氧对核酸的损害。

一定范围内的高温胁迫会使植物核酸及蛋白质的结构发生可逆的物理变化，从而引起植物不同程度的生理反应及一系列下游基因的表达，以应对高温对植物的损害。当持续高温胁迫时，核酸及蛋白质严重损伤，无法被及时修复，只能被降解或积累而导致细胞损伤甚至死亡。本研究发现花花柴叶片在45℃高温处理4h时DNA、RNA与对照无明显变化，而蛋白质条带已有略微降解，表明蛋白质的稳定性对高温最敏感。RNA结构的完整性对高温的耐受性次之，DNA对高温的耐受时间最长。本研究结果显示，花花柴在45℃高温处理12h时DNA出现明显降解，处理8h时RNA、蛋白质降解明显，且细胞拖尾现象急剧增加，形态已明显发生改变，此时细胞渗漏明显加重，而在处理4h时DNA、RNA及蛋白质与对照无明显变化，因此花花柴在45℃恒温条件的耐受时间约为8h，属于其临界时间。理论上，在生产应用中可通过核酸及蛋白质的降解程度来评估农作物的高温耐受性，并根据预测的气候来对农作物的种植种类进行调整，以达到高产优质的效果。

近年来，随着全球气温的不断升高，植物的耐高温研究越来越引起人们的关注。无论从基础研究还是应用研究，发掘自然条件下耐高温较强的种质资源将是应对全球气候变暖、恢复天然植被的有效途径。

参考文献

陈宝悦，曹玲，王艳芳，等，2014. NaCl胁迫对芹菜生长、生理生化特性及品质的影响 [J]. 华北农学报，29（S1）：218-222.

陈培琴，郁松林，詹妍妮，等，2006. 植物在高温胁迫下的生理研究进展 [J]. 中国农学通报（5）：223-227.

邓敏捷，张晓申，范国强，等，2013. 四倍体泡桐对盐胁迫生理响应的差异 [J]. 中南林业科技大学学报，33（11）：42-46.

耿兴敏，胡才民，杨秋玉，等，2014. 杜鹃花对各种非生物逆境胁迫的抗性研究进展 [J]. 中国野生植物资源，33（3）：18-21.

韩王朝，张力君，裴磊，2010a. 饲用牧草耐旱性研究 [J]. 内蒙古农业科技（3）：68-70.

赫兰保，徐永清，李凤兰，等，2015. 盐胁迫对鲁梅克斯杂交酸模种子萌发及幼苗生理特性的影响 [J]. 草业科学，32（3）：400-405.

黄彩变，曾凡江，雷加强，2014. 塔克拉玛干沙漠南缘3个沙拐枣种的抗旱特性比较 [J]. 草业学报，23（3）：136-143.

黄海燕，刘帅帅，王生荣，等，2015. 中间冰草种质材料苗期耐盐性研究 [J]. 作物杂志 (1)：36-42.

江绪文，李贺勤，王建华，2015. 盐胁迫下黄芩种子萌发及幼苗对外源抗坏血酸的生理响应 [J]. 植物生理学报，51 (2)：166-170.

李建民，苏旭，拉本，等，2014. 青海湖畔三种盐生植物叶片中叶绿素和类胡萝卜素含量的测定 [J]. 北方园艺 (23)：61-64.

林天宝，刘岩，张薇，等，2013. NaCl 胁迫对桑苗生理生化指标的影响 [J]. 浙江农业科学 (12)：1667-1672.

刘凤歧，刘杰淋，朱瑞芬，等，2015. 4 种燕麦对 NaCl 胁迫的生理响应及耐盐性评价 [J]. 草业学报，24 (1)：183-189.

刘建新，王金成，王瑞娟，等，2014. 燕麦幼苗对氯化钠和氯化钾胁迫的生理响应差异 [J]. 水土保持通报，34 (5)：74-79.

刘军钟，何祖华，2014. 植物响应高温胁迫的表观遗传调控 [J]. 科学通报，59 (8)：631-639.

刘敏，厉悦，梁艳，等，2013. 不同浓度氯化钠胁迫对万寿菊幼苗生长及生理特性的影响 [J]. 北方园艺 (24)：63-66.

鲁晓燕，吕新民，金朋，等，2014. NaCl 胁迫对八棱海棠和山定子电导率和抗氧化酶活性的影响 [J]. 新疆农业科学，51 (2)：311-317.

鲁艳，雷加强，曾凡江，等，2014. NaCl 处理对多枝柽柳 (*Tamarix ramosissima*) 生长及生理的影响 [J]. 中国沙漠，34 (6)：1509-1515.

陆銮眉，林金水，黄丽红，等，2014. 高温胁迫对 2 种龙船花生理指标的影响 [J]. 福建林业科技，41 (2)：26-29.

倪建中，王伟，郁书君，等，2014. 干旱胁迫对木棉叶片若干生理生化指标的影响 [J]. 热带作物学报，35 (10)：2020-2024.

聂石辉，齐军仓，张海禄，等，2011. PEG6000 模拟干旱胁迫对大麦幼苗丙二醛含量及保护酶活性的影响 [J]. 新疆农业科学，48 (1)：11-17.

潘昕，邱权，李吉跃，等，2014. 干旱胁迫对青藏高原 6 种植物生理指标的影响 [J]. 生态学报，34 (13)：3558-3567.

彭英，刘晓静，汤兴利，等，2014. 盐胁迫对北沙参生长及生理特性的影响 [J]. 江苏农业学报，30 (6)：1273-1278.

邵艳军，山仑，2006. 植物耐旱机制研究进展 [J]. 中国生态农业学报 (4)：16-20.

田治国，王飞，张文娥，等，2011. 高温胁迫对孔雀草和万寿菊不同品种

生长和生理的影响 [J]. 园艺学报, 38 (10): 1947-1954.

屠小菊, 汪启明, 饶力群, 2013. 高温胁迫对植物生理生化的影响 [J]. 湖南农业科学 (13): 28-30.

王宝增, 王棉, 田薇, 等, 2013. 沙打旺对盐胁迫的生理响应 [J]. 广东农业科学, 40 (19): 57-59.

薛秀栋, 董晓颖, 段艳欣, 等, 2013. 不同盐浓度下3种结缕草的耐盐性比较研究 [J]. 草业学报, 22 (6): 315-320.

杨小飞, 郭房庆, 2014. 高温逆境下植物叶片衰老机理研究进展 [J]. 植物生理学报, 50 (9): 1285-1292.

张志伟, 周津吟, 李莎, 2015. 高温胁迫对胭脂花叶片细胞膜透性影响研究 [J]. 安徽农学通报, 21 (Z1): 33-34.

赵森, 于江辉, 肖国樱, 2012. 高温胁迫对爪哇稻剑叶抗氧化酶及膜透性的影响 [J]. 热带作物学报, 33 (10): 1846-1850.

赵旭, 杨振华, 赵静, 等, 2015. NaCl胁迫对罂粟幼苗生长及生理特性的影响 [J]. 安徽农业科学, 43 (1): 3-6.

周瑞莲, 王海鸥, 赵哈林, 1999. 不同类型沙地植物保护酶系统对干旱、高温胁迫的响应 [J]. 中国沙漠 (S1): 50-55.

朱鑫, 沈火林, 2014. 高温胁迫对芹菜幼苗细胞膜稳定性的影响 [J]. 北方园艺 (7): 16-20.

LI J, YANG Y, SUN K, et al., 2019. Exogenous melatonin enhances cold, salt and drought stress tolerance by improving antioxidant defense in tea plant [*camellia sinensis* (L.) O. Kuntze] [J]. Molecules, 24 (9): 1826.

4 自然条件下花花柴不同生育期
表型及生理变化

花花柴是生长于戈壁滩地、沙丘、草甸盐碱地和苇地水田旁的一种植物，常大片群生，可作为饲草利用，且具有很强的耐盐、耐旱及耐高温等抗逆性。花花柴生育时期正处于环塔里木盆地典型的高温和干旱天气，高温胁迫—干旱是影响植物正常生长发育的重要逆境因子。

4.1 材料与方法

4.1.1 试验材料

试验所用的花花柴花器官采自新疆阿拉尔市塔里木大学人工绿地及塔克拉玛干沙漠十二团附近沙漠公路旁。

4.1.2 试验设计与方法

选取常温为 25~26℃ 以内，高温为 35℃ 以上长势一致的花花柴植株，即室温人工绿地 (Room Temperature Artificial of Green Space, RTAGS)、高温人工绿地 (High Temperature of Artificial Green Space, HTAGS)、常温沙漠 (Room Temperature of Desert, RTD) 和高温沙漠 (Hot Temperature of Desert, HTD)。从花苞形成开始观察，花苞出现紫色开始连续取样 13 天，并检测开花当天花粉活性。

在高温条件下人工绿地及沙漠中，挑选长势一致花花柴植株，花苞出现紫色时外施不同浓度的 IAA（生长素）、GA（赤霉素）及生长素抑制剂 TIBA（选取 4 个外施 IAA 浓度 0.1μmol/L、0.3μmol/L、0.5μmol/L、0.8μmol/L；

选取 3 个外施 GA 浓度 60μmol/L、120μmol/L、240μmol/L；选取 2 种生长素抑制剂浓度 20μmol/L、40μmol/L；以外施清水为对照）。由 2018 年 8 月 2 日起隔 3d 于 10:00 用喷雾器在花花柴花器官上均匀喷施不同浓度的 IAA、GA 及 IAA 抑制剂溶液。待开花当天分别采集上述处理的花花柴花器官样品，一部分用冰盒带回备用，一部分用液氮速冻后储存于 -80℃ 冰箱备用。每个处理设 3 次重复。

在开花期不同生境分别取开花不同时期长势一致的 5 朵花，测量花朵直径、雄蕊、雌蕊长度。

I_2-KI 和 2,3,5-三苯基氯化四氮唑（TTC）染色后，计算花粉粒活性。

花花柴花器官内激素抽提及 LC-MS 检测方法采用刘洪波水稻内激素测定方法（Liu et al.，2012）。

利用 LI-6400XT 光合仪测定三种环境（绿地常温、绿地高温、沙漠高温）中花花柴的胞间 CO_2 浓度（Ci）、净光合速率（Pn）、蒸腾速率（E）及气孔导度（gs）。

4.2 温度及激素对沙漠植物花花柴花器官发育的影响

4.2.1 温度对花花柴花器官大小的影响

不同生境下花器官差异显著，人工绿地花朵直径明显大于沙漠花朵直径，如彩图 4-1 所示。人工绿地、沙漠的花花柴花器官平均直径分别为 25.1mm、18.32mm，结果表明，随着温度升高达到极端时，花朵直径变短。

花花柴花器官开花后第 3 天人工绿地常温、沙漠常温、人工绿地高温及沙漠高温雄蕊长度平均值分别为 13.3mm、12.75mm、12.75mm、12.25mm（图 4-2A）。人工绿地常温比沙漠常温、人工绿地高温的雄蕊长度长 1 倍，而比沙漠高温的雄蕊长度长 1.1 倍。结果表明，就雄蕊长度而言，人工绿地常温的较沙漠常温的要长，人工绿地高温的较沙漠高温的要长。

如图 4-2B 所示，花花柴花器官在开花期 D-5、D-2、D 0、D 2、D 3 五个发育时间点均表现出常温较高温条件下雌蕊长度要长，且在开花前第 5 天及开花当天尤为明显，也即高温伤害对这两天的影响最大。室温人工绿地、室温沙漠、人工绿地高温及沙漠高温花花柴花器官开花前第 5 天到开花后第 3 天雌

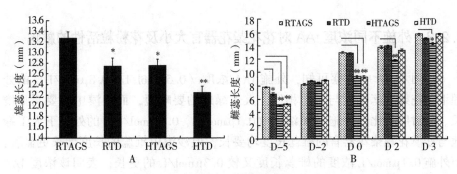

图4-2 不同生境下花花柴花器官大小比较

［注：A为不同生境下花花柴花器官开花第3天的雄蕊长度比较；B为不同生境下花花柴花器官开花前第5天（D-5），开花前第2天（D-2），开花当天（D0），开花后第2天（D2），开花后第3天（D3）的雌蕊长度比较（＊：$P<0.05$；＊＊：$P<0.01$）］

蕊各增长了7.95mm、7.2mm、9.2mm、10.5mm，可以看出在相同环境不同温度中常温较高温条件下雌蕊长度的增长变化要小，推测高温胁迫下花器官通过增加雌蕊长度，使柱头外露以提高异花受粉率。

4.2.2 温度对花花柴花粉粒活性的影响

比较了I_2-KI和TTC染色测定花花柴花粉活力的特性，结果表明两种方法检测的结果无显著差异。花花柴花器官的花粉粒活性在不同温度环境差异显著（图4-3）。花花柴开花后第3天花粉活性人工绿地常温较沙漠高温的黄色花粉明显要多，即花粉活性随着温度升高而呈下降趋势。

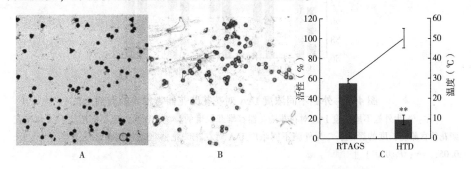

图4-3 不同温度不同生境下花花柴花粉活性的测定

［注：A为人工绿地下TTC染色花花柴花粉；B为沙漠下TTC染色花花柴花粉；C为人工绿地常温与沙漠高温下花花柴花粉活性的比较（＊：$P<0.05$；＊＊：$P<0.01$）］

4.2.3 外施不同浓度 IAA 对花花柴花器官大小及花粉粒活性的影响

从图 4-4A 中观察可知，外施 IAA 浓度（0.5μmol/L、0.8μmol/L）的处理下花花柴雄蕊长度与对照相比，人工绿地的要略短，而沙漠中的要明显增长。与对照相比，外施 IAA 浓度（0.1μmol/L、0.3μmol/L）的处理下人工绿地与沙漠花花柴花器官的雄蕊长度均要长，但沙漠中雄蕊的长度增长更显著，而外施 0.1μmol/L 浓度的雄蕊长度又较 0.3μmol/L 的更长，表明该浓度 IAA 处理对于花花柴花器官雄蕊的生长起到促进作用，即为最佳生长浓度。

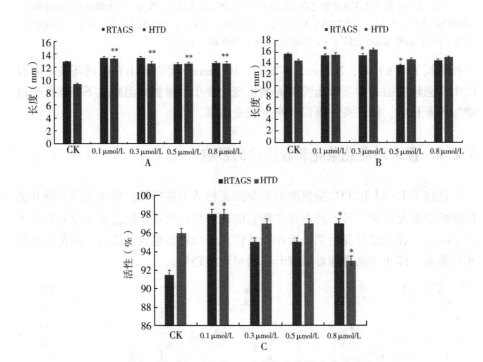

图 4-4 外施不同浓度 IAA 对花花柴花器官发育的影响

[注：A 为外施不同浓度 IAA 对花花柴花器官雄蕊长度的影响；B 为外施不同浓度 IAA 对花花柴花器官雌蕊长度的影响；C 为外施不同浓度 IAA 对花花柴花器官花粉粒活性的影响（ $*$ ： $P<0.05$ ； $**$ ： $P<0.01$ ）]

从图 4-4B 中得知，与对照相比，外施 IAA 浓度（0.1μmol/L、0.3μmol/L）的处理下沙漠中的雌蕊长度均长，人工绿地中的无明显变化。随着 IAA 浓度增加到 0.5μmol/L 时，人工绿地中的雌蕊长度显著变短，而沙漠中的无明显变化。当 IAA 浓度增加到 0.8μmol/L 时与对照相比，人工绿地的雌蕊长度略短，沙漠中的无明显变化。

从图 4-4C 可见，与人工绿地对照对比，外施不同 IAA 浓度的花粉活性均明显增强，其中以 0.1μmol/L 浓度时，花粉活性最好。与沙漠对照相比，除了外施 IAA 浓度为 0.8μmol/L 时，花粉活性明显下降，其他浓度活性上升，其中 IAA 浓度为 0.1μmol/L 时花粉的活性增强最显著。

综上所述，外施 0.1μmol/L 浓度的 IAA 对于花花柴花器官的生长为最佳浓度。

从图 4-5A 中观察可知，与人工绿地对照相比，外施不同浓度 GA 对于花花柴雄蕊长度的生长均表现为抑制（外施 60μmol/L 条件下>外施 240μmol/L 条件下>外施 120μmol/L 条件下）。而不同 GA 浓度的处理下与沙漠条件下对照相比，沙漠条件下花花柴雄蕊的长度均要长，其中 GA 浓度 120μmol/L 下的最长，表明该浓度对于花花柴花器官雄蕊生长为最佳浓度。

从图 4-5B 中得知，与人工绿地对照相比，外施 GA 浓度（60μmol/L、120μmol/L）的处理下花花柴雌蕊长度的生长表现为略受抑制，而 60μmol/L 浓度处理出现显著抑制。不同浓度外施 GA 与沙漠对照对比，沙漠条件下雌蕊的长度均要长，但在 60μmol/L 浓度下雌蕊长度最长，表明该浓度对于雌蕊长度的生长为最佳浓度。

从图 4-5C 可见，与人工绿地对照相比，外施不同 GA 浓度（60μmol/L、240μmol/L）的花粉活性均下降，仅 120μmol/L 浓度处理下花粉活性上升。与沙漠对照（CK）相比，外施 60μmol/L 处理下花粉活性无明显变化，120μmol/L 浓度处理下花粉活性略下降，60μmol/L 浓度处理下花粉活性略上升。

综上所述，外施 60μmol/L 浓度的 GA 对于花花柴花器官的生长为最佳浓度。

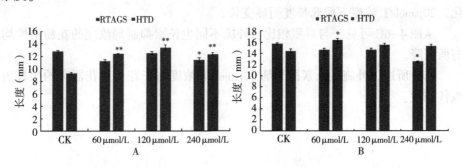

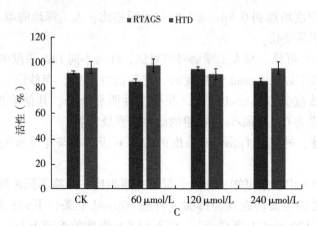

图 4-5 外施不同浓度 GA 对花花柴花器官发育的影响

[注：A 为外施不同浓度 GA 对花花柴花器官雄蕊长度的影响；B 为外施不同浓度 GA 对花花柴花器官雌蕊长度的影响；C 为外施不同浓度 GA 对花花柴花器官花粉粒活性的影响（＊：$P<0.05$；＊＊：$P<0.01$）]

4.2.4 外施不同浓度生长素抑制剂对花花柴花器官大小及花粉活性的影响

从图 4-6A 中观察可知，外施生长素抑制剂浓度 20μmol/L 的处理下雄蕊长度与对照相比，雄蕊的长度均要长。与对照相比，外施生长素抑制剂浓度 40μmol/L 的处理下人工绿地中雄蕊的长度略短，而沙漠中雄蕊长度明显增长。表明 20μmol/L 的生长素抑制剂对于雄蕊的长度生长起着促进作用。

从图 4-6B 中得知，与人工绿地对照相比，外施不同浓度生长素抑制剂对于雌蕊长度生长均为抑制，20μmol/L 浓度下呈现明显抑制，40μmol/L 浓度下呈现略微抑制。与沙漠对照对比，外施 40μmol/L 浓度下雌蕊长度无明显变化，20μmol/L 浓度下雌蕊长度明显变长。

从图 4-6C 可见，与对照相比，外施不同生长素抑制剂浓度的花粉活性均有所下降。

综上所述，外施生长素抑制剂 20μmol/L 浓度对于花花柴花器官的生长为最佳浓度。

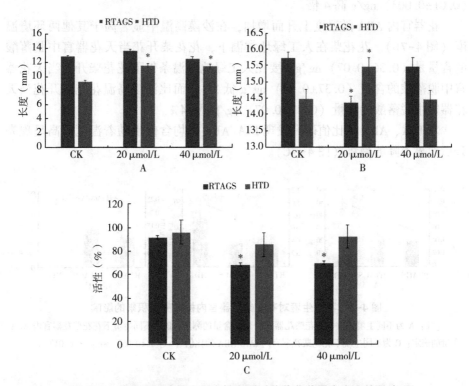

图4-6 外施不同浓度生长素抑制剂对花花柴花器官发育的影响

[注：A为外施不同浓度生长素抑制剂对花花柴花器官雄蕊长度的影响；B为外施不同浓度生长素抑制剂对花花柴花器官雌蕊长度的影响；C为外施不同浓度生长素抑制剂对花花柴花器官花粉粒活性的影响（ *：$P<0.05$；**：$P<0.01$ ）]

4.3 温度对花花柴花器官内激素积累的影响

对不同环境温度下花花柴花器官内激素含量的测定分析发现，IAA、ABA含量变化不同。当温度升高花器官内IAA呈现先上升后急剧下降趋势。花器官中IAA含量在高温沙漠中显著低于其他两环境温度（图4-7A）。在人工绿地常温下，花花柴开花当天花器官中生长素的含量（0.04±0.005）ng/g，要比人工绿地高温条件下花花柴开花当天花器官中生长素的含量（0.05±0.006）ng/g低20%，而比沙漠高温花花柴开花当天花器官中生长素的含量

（0.01±0.003）ng/g 高 4 倍。

花器官内 ABA 随温度上升而增加，在沙漠高温中显著高于其他两环境温度（图 4-7B）。花花柴在人工绿地常温下，花花柴开花当天花器官中脱落酸的含量是（0.36±0.07）ng/g，要比人工绿地常温条件下花花柴开花当天花器官中脱落酸的含量（0.37±0.04）ng/g 低 3%，而比沙漠高温花花柴开花当天花器官中脱落酸的含量（0.77±0.07）ng/g 低 54%。

对 IAA、ABA 间比值研究发现 IAA/ABA 平均含值也随着温度升高呈现先升后明显下降的趋势（图 4-7C）。

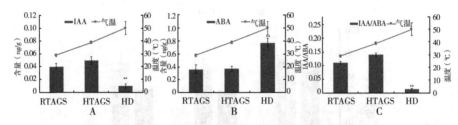

图 4-7　不同生境对花花柴花器官内植物激素积累的影响

[注：A 为不同生境条件下花花柴花器官内 IAA 含量的测定；B 为不同生境下花花柴花器官内 ABA 含量的测定；C 为不同生境下花花柴花器官内 IAA/ABA 的比值（ * ： $P<0.05$ ； ** ： $P<0.01$ ）]

4.3.1　外施不同浓度激素对花花柴花器官中内源激素积累的影响

外施不同浓度生长素处理下花花柴花器官内激素变化，如图 4-8 所示。与人工绿地对照相比，SA 含量均减少（外施 0.5μmol/L 条件下 > 外施 0.3μmol/L 条件下 > 外施 0.1μmol/L 条件下 > 0.8μmol/L 条件下）；JA 含量均增加（外施 0.8μmol/L 条件下 > 外施 0.3μmol/L 条件下 > 外施 0.5μmol/L 条件下 > 外施 0.1μmol/L 条件下）；ABA 含量在外施生长素抑制剂浓度 0.5μmol/L 的处理下无明显变化，浓度 0.1μmol/L、0.3μmol/L 的处理下含量减少，仅在 0.1μmol/L 浓度下 ABA 含量增加。与沙漠对照对比，外施不同浓度生长素的处理下 SA 含量均减少（外施 0.3μmol/L 条件下 > 外施 0.8μmol/L 条件下 > 外施 0.5μmol/L 条件下 > 外施 0.1μmol/L 条件下）；JA 含量均下降，除了 0.8μmol/L 的生长素浓度的处理下明显增加；ABA 含量均增加（外施 0.8μmol/L 条件下 > 外施 0.5μmol/L 条件下 > 外施 0.1μmol/L 条件下 > 外施 0.3μmol/L 条件下）。

综上所述，外施生长素 0.1μmol/L 浓度对于花花柴花器官内植物激素的积累最有利于提高植物适应或耐受逆境的能力。

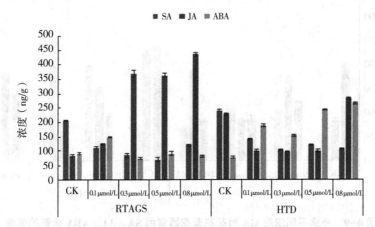

图 4-8 外施不同浓度生长素对花花柴花器官内 SA、JA、ABA 含量的影响

4.3.2 外施不同浓度 GA 对花花柴花器官内植物激素积累的影响

外施不同浓度 GA 处理下花花柴花器官内激素变化，如图 4-9 所示。与人工绿地对照相比，SA 含量均减少（外施 240μmol/L 条件下＞外施 120μmol/L 条件下＞外施 60μmol/L 条件下）；JA 含量均显著增加，除 120μmol/L 浓度下其含量无明显变化；ABA 含量在外施 GA 浓度 60μmol/L、120μmol/L 的处理下略升高，但 240μmol/L 浓度下其含量减少。与沙漠 CK 对比，外施不同浓度 GA 的处理下 SA 含量均减少（外施 120μmol/L 条件下＞外施 60μmol/L 条件下＞外施 240μmol/L 条件下）；JA 含量也均减少外施 60μmol/L 条件下＞外施 240μmol/L 条件下＞外施 120μmol/L 条件下；ABA 含量均显著增加（外施 240μmol/L 条件下＞外施 120μmol/L 条件下＞外施 60μmol/L 条件下）。

综上所述，外施 GA 浓度 60μmol/L 对于花花柴花器官内植物各激素的积累有利于提高植物适应或耐受逆境的能力。

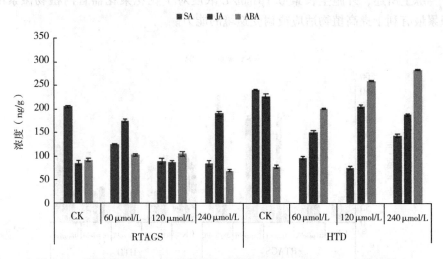

图 4-9　外施不同浓度 GA 对花花柴花器官内 SA、JA、ABA 含量的影响

4.3.3　外施不同浓度生长素抑制剂对花花柴花器官内植物激素积累的影响

　　外施不同浓度生长素抑制剂处理下花花柴花器官内激素变化，如图 4-10 所示。与人工绿地 CK 相比，SA 含量在外施 20μmol/L 浓度处理下明显增加，而在 40μmol/L 浓度处理下明显减少；JA 含量均显著增加，而 40μmol/L 浓度处理下更为显著；ABA 含量均增加（外施 20μmol/L 条件下>外施 40μmol/L 条件下）。与沙漠 CK 对比，外施不同浓度生长素抑制剂的处理下 SA 含量均减少（外施 40μmol/L 条件下>外施 20μmol/L 条件下）；JA 含量也均减少（外施 40μmol/L 条件下>外施 20μmol/L 条件下）；ABA 含量均增加（外施 40μmol/L 条件下>外施 20μmol/L 条件下）。

　　综上所述，外施生长素抑制剂浓度 20μmol/L 对于花花柴花器官内植物各激素的积累有利于提高植物适应或耐受逆境的能力。

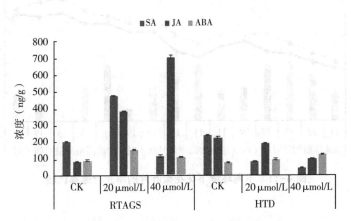

图 4-10　外施不同浓度生长素抑制剂对花花柴花器官内 SA、JA、ABA 含量的影响

4.4　花花柴在高温—干旱条件下的光合特性

4.4.1　高温—干旱对花花柴叶器官净光合速率的影响

在不同温度不同湿度的环境下，花花柴叶片在一天中从早到晚净光合速率呈现出了不同趋势（图 4-11）。在绿地常温（非高温非干旱环境）和绿地高温（高温非干旱环境）下净光合速率呈现先增高后降低单峰趋势；沙漠高温（高温干旱环境）的净光合速率与绿地常温和绿地高温的刚好相反，呈先降低后升高的趋势，11—15 时随温度的升高而减小，15—19 时则随温度的下降而小幅度上升。在非高温非干旱情况下在 15—17 时达到最大值，同时间段高温胁迫下净光合速率相对降低了 29.4%，高温干旱双胁迫下降低了 88.2%；高温非干旱情况下在 13 时净光合速率达到最大值，同时间段高温干旱双胁迫下降低了 47.1%。

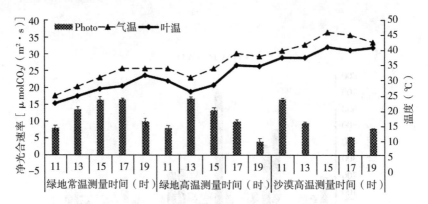

图 4-11　不同环境下花花柴叶片的净光合速率比较

4.4.2　高温—干旱对花花柴叶器官胞间 CO_2 浓度的影响

不同温度不同湿度的环境下，花花柴叶片在一天中从早到晚胞间 CO_2 浓度的比较（图 4-12），绿地常温花花柴叶片的胞间 CO_2 浓度较为稳定，呈小幅度高—低—高的趋势；绿地高温和沙漠高温呈双峰曲线，且都是呈高—低—高—低的变化趋势，最大浓度都出现在 15 时，15 时前绿地高温的比沙漠高温的高，15 时之后沙漠高温的比绿地高温的高，且除了 15 时左右的其他时段两环境的 CO_2 浓度明显都低于绿地常温。在非高温非干旱环境中在 11 时达到峰

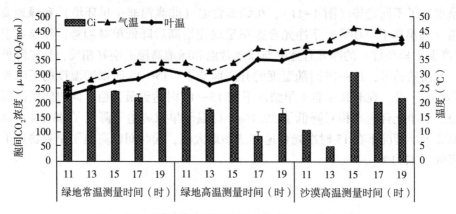

图 4-12　不同环境下花花柴叶片胞间 CO_2 浓度比较

值，同时间段高温胁迫下胞间 CO_2 浓度降低了 7.4%，在高温干旱双胁迫下降低了 62.9%；胞间 CO_2 在高温非干旱情况下于 15 时达到峰值，同时间段高温—干旱双胁迫下升高了 1.12 倍。

4.4.3 环境胁迫与光合参数的相关性分析

如表 4-1 所示，在绿地常温环境下，气孔导度与蒸腾速率呈极显著正相关，即气孔导度越大蒸腾速率越高。在绿地高温环境下，净光合速率和蒸腾速率呈显著正相关，即净光合速率越高蒸腾速率越高。在沙漠高温环境下，净光合速率和气孔导度呈显著正相关，即净光合速率越高气孔导度越大。净光合速率和蒸腾速率呈显著正相关，即净光合速率越高蒸腾速率越高。

表 4-1　环境胁迫与光合参数的相关性分析

	绿地常温				绿地高温				沙漠高温			
	Photo	Cond	Ci	Trmmol	Photo	Cond	Ci	Trmmol	Photo	Cond	Ci	Trmmol
Photo	1											
Cond	−0.17	1										
Ci	−0.83	0.38	1									
Trmmol	−0.01	0.97**	0.16	1								
Photo	0.58	0.16	−0.08	0.12	1							
Cond	0.08	−0.17	0.24	−0.22	0.25	1						
Ci	−0.32	0.19	0.65	0.06	0.14	0.87	1					
Trmmol	0.21	0.33	0.29	0.21	0.91*	0.12	0.21	1				
Photo	−0.83	−0.08	0.71	−0.27	−0.28	−0.27	0.05	0.1	1			
Cond	−0.90*	−0.14	0.82	−0.34	−0.37	0.06	0.36	−0.02	0.93*	1		
Ci	0.45	−0.16	−0.57	0.02	−0.27	0.39	0.1	−0.61	−0.81	−0.59	1	
Trmmol	−0.95*	0.09	0.69	−0.06	−0.6	−0.36	0.02	−0.21	0.91*	0.87	−0.58	1

注：* 为在 0.05 水平（双侧）上显著相关；** 为在 0.01 水平（双侧）上显著相关。

4.5　花花柴在高温—干旱条件下气孔运动特性

4.5.1 高温—干旱对花花柴叶器官气孔导度的影响

在不同温度不同湿度的环境下，花花柴叶片在一天中从早到晚气孔导度呈现了极大的差异（图4-13），并且受到高温和干旱压力的影响极大。绿地常温和绿地高温下的花花柴叶片呈双峰曲线，绿地常温呈低—高—低—高的趋势，而绿地高温则呈高—低—高—低与绿地常温相反的趋势；沙漠高温的花花柴在受到高温干旱的双重影响下气孔导度明显低于前两种环境压力，一天中的趋势也是先高后低再升高。在非高温非干旱情况下于13时左右达到峰值，同时间段高温胁迫下气孔导度下降了82.3%，高温干旱双胁迫下降低了93.7%；高温非干旱情况下气孔导度在15时达到峰值，同时间段高温干旱双胁迫下降了98.6%。

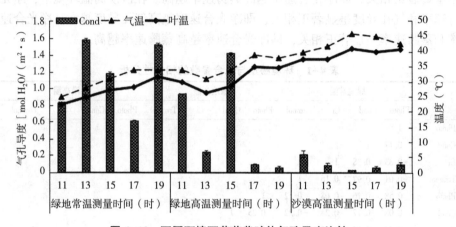

图4-13　不同环境下花花柴叶片气孔导度比较

4.5.2　高温—干旱对花花柴蒸腾速率的影响

不同温度不同湿度的环境下，花花柴叶片在一天中从早到晚蒸腾速率比较见图4-14。绿地常温的蒸腾速率呈双峰曲线的变化趋势，而绿地高温呈低—高—低的单峰趋势；沙漠高温的蒸腾速率呈高—低—高的变化趋势。沙漠高温的蒸腾速率与绿地常温和绿地高温的相比较，在相应的各个时间点都要高，并且沙漠高温环境下，11时左右、19时左右的蒸腾速率明显高于其他时段。在非高温非干旱胁迫下于19时达到峰值，同时间段高温胁迫下蒸腾速率下降了65.0%，在高温干旱双胁迫下增高了2.15倍。蒸腾速率在高温非干旱情况下在13时达到峰值，同时间段高温干旱双胁迫下升高了1.85倍。

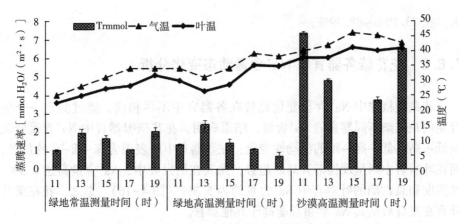

图4-14 不同环境下花花柴叶片蒸腾速率比较

4.6 不同发育时期花花柴各器官水分及阳离子变化

4.6.1 花花柴各器官中含水量的动态变化分析

通过测定一个生育期内花花柴不同器官的含水量，结果表明花花柴根、茎器官中含水量在发芽期最高，在苗期和花期最低，结实期上升，衰亡期又有所降低，而叶器官的含水量在整个生育期变化不大（图4-15）。但整体变化不

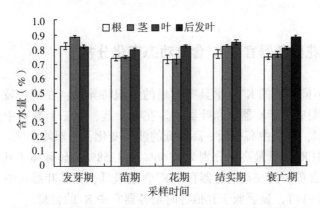

图4-15 花花柴不同发育时期不同器官中含水量测定结果

大，在 73.19%~88.79%。

4.6.2　花花柴各器官中 Na⁺含量动态变化分析

花花柴植株中 Na⁺含量变化趋势在各器官中不尽相同。通过测定一个生育期内花花柴不同器官的 Na⁺含量，结果表明，花花柴根器官中 Na⁺含量变化呈低—高—低—高—低的波动性变化，在茎器官中则表现为高-低-高的趋势，而在叶器官中则呈现逐渐升高的趋势，尤其在后发叶中，Na⁺含量高达 6.9%，结实期和衰亡期的叶器官中 Na⁺含量约为 5.3%（图 4-16）。总之，花花柴叶器官在发育后期其 Na⁺含量显著高于其他器官。

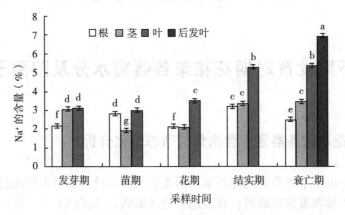

图 4-16　花花柴不同发育时期不同器官中 Na⁺含量测定结果

4.6.3　花花柴各器官中 K⁺含量动态变化分析

花花柴不同器官的 K⁺含量具有明显的组织特异性：在同一发育时期茎器官中 K⁺含量明显高于根器官和叶器官。在根、茎、叶三个器官中，K⁺含量的变化趋势相似，都是由高—低—高—低的波动变化，呈双峰曲线。发芽期和结实期茎器官中 K⁺含量最高，分别为 4.66%和 4.58%，显著高于其他各时期各器官中 K⁺的含量。而在花期各器官中 K⁺含量最低，尤其叶器官中 K⁺含量仅为 0.44%（图 4-17），显著低于其他各时期各器官中 K⁺的含量。

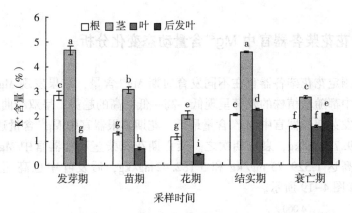

图 4-17 花花柴不同发育时期不同器官中 K⁺含量测定结果

4.6.4 花花柴各器官中 Ca²⁺含量动态变化分析

花花柴各器官中 Ca^{2+}含量和生育期有明显相关性。测定结果显示 Ca^{2+}含量在根、茎及叶器官中变化趋势相似，呈现低—高—低—高的趋势，呈双峰曲线。花花柴植株在花期各器官中 Ca^{2+}含量达到最高，衰亡期次之，发芽期、苗期和结实期其含量相对较低。花期花花柴茎和叶器官中 Ca^{2+}含量分别高达 5 059.87 mg/kg 和 4 690.12 mg/kg；而在结实期两器官中 Ca^{2+}含量最低，分别为 637.98mg/kg 和 774.74mg/kg（图 4-18）。

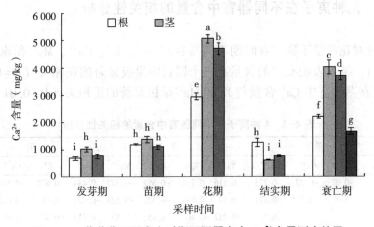

图 4-18 花花柴不同发育时期不同器官中 Ca²⁺含量测定结果

4.6.5 花花柴各器官中 Mg²⁺ 含量动态变化分析

通过测定花花柴各器官在不同发育时期 Mg²⁺ 含量，结果发现 Mg²⁺ 含量在三个器官中都随着植株的发育呈现低—高—低—高的趋势，呈双峰曲线。花花柴植株在发芽期各器官中 Mg²⁺ 含量最低。花期其根器官中 Mg²⁺ 含量达到最高，约为 1 139.77 mg/kg，衰亡期次之。衰亡期花花柴茎和叶器官中 Mg²⁺ 含量最高，分别高达 1 529.75 mg/kg 和 3 182.42 mg/kg，后发叶中也高达 1 972.86 mg/kg，如图 4-19 所示。

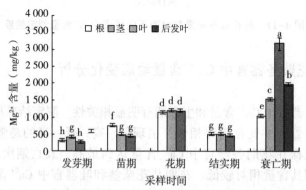

图 4-19 花花柴不同发育时期不同器官中 Mg²⁺ 含量测定结果

4.6.6 几种离子在不同器官中含量的相关性分析

通过对花花柴不同发育时期不同器官间 Na⁺、K⁺、Ca²⁺、Mg²⁺ 积累量的相关性分析，结果表明 Ca²⁺ 的含量在三个器官中呈极显著的正相关（$P=0.01$ 水平），且在茎器官中 Ca²⁺ 含量与 K⁺ 和 Mg²⁺ 呈极显著的正相关（$P=0.01$ 水平）。

表 4-2 4 种离子在不同器官中含量的相关性分析

	根				茎				叶			
	Na⁺	K⁺	Ca²⁺	Mg²⁺	Na⁺	K⁺	Ca²⁺	Mg²⁺	Na⁺	K⁺	Ca²⁺	Mg²⁺
Na⁺		-0.07	-0.37	-0.275	0.216	0.386	-0.592	-0.377	0.484	0.675	-0.543	-0.205
K⁺			-0.731	-0.871	0.57	0.884	-0.632	-0.535	-0.028	0.41	-0.635	-0.369
Ca²⁺				0.937**	-0.212	-0.867	0.952**	0.85	0.215	-0.323	0.970**	0.599
Mg²⁺					-0.306	-0.962**	0.998**	0.865	0.173	-0.39	0.921*	0.687

注：** 为 $P=0.01$ 水平相关。

4.7 讨 论

4.7.1 温度及激素对沙漠植物花花柴花器官发育的影响

花器官大小与花的形态和功能密切相关，更是与物种的生存及繁衍密切相关，即是影响植物交配系统进化和保障繁衍的关键因素。因此，逆境环境中，小花型植物更不易受到环境胁迫的影响而得以生存，这与本研究结果相似。高温沙漠条件下的花花柴直径要明显小于人工绿地常温。

本研究结果表明，花花柴开花前 5d 和开花当天雄蕊对高温最敏感。这与水稻开花当天和开花前 1d 对温度最为敏感相似；花花柴雄蕊发育晚于雌蕊，这与李莎莎研究结果一致；花花柴不同生境下，常温较高温条件下雌蕊增长变化要小得多，但雄蕊的长度则是常温较高温要明显长。推测高温条件下植株通过抑制雄蕊的长度来提高异花授粉率。总之，花花柴花器官对高温最敏感的时期是生殖发育期，生殖发育敏感期是开花期，开花期最敏感期是开花当天。

在一些植物物种中，环境胁迫导致自花受粉和雄性不育的异交的差异率。测定植物花粉活性方法不计其数，最常用的方法是 I_2-KI 和 TTC 染色，但两种方法存在测定误差。所以，本研究比较了这两种方法对花花柴花粉活性的测定特性，结果表明这两种方法都能快速测定花花柴花粉活性，且结果相似。高温可明显降低花粉活性。

本研究发现，在人工绿地常温条件，对照中花花柴的雌蕊与雄蕊长度相差不大。然而，在沙漠高温条件下，对照中花花柴的雄蕊和雌蕊长度均显著减少，且雌蕊的长度明显长于雄蕊的长度，这与 Pan 等的研究结果相似。表明花花柴雄蕊比雌蕊更容易受到高温胁迫。柱头外露率与环境温度呈强的正相关，即高温能诱导柱头外露。外施生长素后，人工绿地常温与沙漠高温雄蕊长度均增加，但沙漠条件下更显著。但外施生长素后，人工绿地常温中的雌蕊长度均减少，而沙漠中的雌蕊长度均有不同程度增加。这符合开花间的高温胁迫对植物的雄性和雌性器官发育的影响不同，导致柱头外露率增加。表明在有或无外源生长素应用的高温条件下，柱头外露率均高。外施生长素可以以剂量依赖的方式恢复高温引起的花药长度不一致。而本研究显示，外施 0.1μmol/L 浓度的 IAA 后，雌蕊和雄蕊的长度增加最显著。因此，生长素在花花柴雄蕊和

· 77 ·

雌蕊发育的调控中是必不可少的。同时，外施 0.1μmol/L 浓度的 IAA 后，人工绿地常温和沙漠高温下的花粉活性较对照增加最为显著，以人工绿地为尤。这结果与 Abbas 等的研究结果相似，证明生长素的应用可以降低高温胁迫导致的雄性不育发生率。总之，高温胁迫下，IAA 在花粉发育和雄性不育方面发挥重要作用。

外源 GA 处理的牡丹花蕾直径显著增加。当外施 GA 浓度在 100~500mg/L 范围内，烈香茶花花径随浓度增加呈上升趋势。在一定范围内，随着外施 GA 浓度的增大，花芽的长和宽及花径也增大，当 GA 浓度达到 120mg/L 时花芽的这些值均达到最大值，此后花径随 GA 浓度的增大而减小。外源应用 GA 浓度为 50mg/L 的蝴蝶兰花直径达到最大值，当 GA 浓度超过此值后，花径随其浓度的增大而减小，甚至花朵出现了畸形。不同浓度 GA 处理后的非洲菊花直径均增加，以浓度为 100mg/L 使非洲菊花直径最大。外施 0.1mg/L 浓度的 GA 后，水仙花直径最大。外源应用 GA 对于金福菇菌丝生长具有最大促进作用的最佳浓度是 1mg/L。本研究结果显示，外施 60μmol/L 浓度的 GA 后，沙漠高温中花花柴的雌蕊、雄蕊和花粉活性较对照均有所增加。这与前人研究结果相似，不同的是最佳的 GA 浓度不一样，推测可能是由于不同的物种能承受 GA 浓度范围不一。

喷施三碘苯甲酸（TIBA）的植株在整个处理期变化不显著。外施 TIBA 的植株茎秆变细变弱，叶片面积变小，而这种植株抵御逆境的能力下降而不能在田间栽培生长。本研究结果显示，外施 20μmol/L 浓度的生长素抑制剂后，沙漠高温中花花柴的雌蕊、雄蕊较对照均有所增加。这与前人的研究结果相似。而无论喷施何种浓度的生长素抑制剂，花粉活性均较对照的下降。这可能是由于生长素抑制剂抑制植物内生长激素的活性所致。

综上所述，高温影响花花柴花器官发育，而激素含量的变化是否能提高植物对高温的耐受性仍然需要进一步研究。

4.7.2　温度对花花柴花器官内激素积累的影响

4.7.2.1　温度对花花柴花器官内 IAA 和 ABA 含量的影响

本研究发现，高温胁迫下花花柴花器官内 IAA 含量、IAA/ABA 比值随着温度升高呈显著下降趋势，在胁迫初期 IAA 含量升高可能是一种适应胁迫逆境的生理表现，这与前人研究结果一致（刘慧等，2014）。在植物中，ABA 是一个广谱的植物激素，参与整合各种胁迫信号转导途径在对逆境的反应（P. et al.，2010）。而其参与非生物胁迫的信号通路主要分为 ABA 依赖性和 ABA 独立性信号通路（J. et al.，1980）。逆境胁迫中，ABA 可以通过大量积累来加快离层的形成，促进植物生长、组织的脱落及提高植物抗逆（杨东清等，2014）。本研究表明，高温时花花柴花器官内 ABA 含量增加，并且在极端高温胁迫下，ABA 含量大幅度增加，这结果也与前人研究结果一致。有研究报道，ABA 含量的逐渐增加伴随着发育草莓果实中 IAA 的降低，表明 ABA/IAA 比值是一个触发成熟的信号（Bücker-Neto et al.，2017；Guo et al.，2018）。

4.7.2.2 外施不同浓度 IAA、GA 和生长素抑制剂对花花柴花器官中植物激素积累的影响

非生物胁迫导致内源植物激素水平的显著变化，导致生长抑制，以减少伤害。植物内激素变化包括降低细胞分裂素、生长素和赤霉素的浓度，增加 ABA、茉莉酸和水杨酸的含量（Bücker-Neto et al.，2017）。JA 能够在高温等非生物和生物胁迫中保护植物免受两种胁迫的影响，且这种影响具有双重作用（Li et al.，2019）。SA、ABA 均能够保护植物免受热应激的损伤（Li et al.，2014；TL et al.，2015）。不同激素喷施后，莴苣抽薹时 ABA 含量明显增加（杨东清等，2014）。外源应用 GA 导致 ABA 水平的降低。高温胁迫时，外施 GA 后的茉莉花芽内源激素表现为茉莉酸含量升高和水杨酸含量降低（Weverton et al.，2018）。Challinor 等（2014）研究报道，番茄叶片外施 GA 后，导致番茄叶片内的 SA 含量增加。外源应用 GA 能增加 ABA 的含量和显著降低 SA 含量（Sakata et al.，2010）。抑制剂处理后，水稻根和番茄苗的内源激素水平均严重降低（Kazuko et al.，2006）。本研究结果显示，对照花花柴花器官内 ABA 含量基本一致。人工绿地花器官 ABA 含量随外施激素浓度升高呈先升后降的变化趋势，但总体变化不大，而沙漠条件下花器官内 ABA 含量随外施激素浓度升高呈上升趋势。对照中沙漠花花柴花器官 JA、SA 含量均较人工绿地高。外施 IAA 和 TIBA 后，人工绿地花花柴花器官内 JA 含量均随激素浓度升高呈上升趋势。外喷 GA 后人工绿地花花柴花器官内 JA 含量随浓度升高呈先升后降再升趋势。沙漠条件下，外施 IAA 和 GA 后花花柴花器官内 JA 含量随浓度升高呈先降后升趋势，而外施 TIBA 后花花柴花器官内 JA 含量呈下降趋势。人工绿地条件下，外施 IAA 和 GA 后花花柴花器官 SA 含量均随喷施浓度的增加呈下降趋势，外施 TIBA 后呈先升后降趋势。沙漠条件下，外施不同激素后花花柴花器官内 SA 含量均随喷施浓度增加而降低。这结果有差

异，可能由于不同物种不同组织差异所致。

本研究利用 LC-MS 测定人工绿地和沙漠花花柴花器官内 IAA 和 ABA 的含量及外施激素 IAA、GA 和 TIBA 后花花柴花器官内 JA、SA 和 ABA 的含量，发现植物通过调控其内激素含量以提高植物对高温的耐受能力，而植物体内激素含量的变化是否与激素合成相关基因的表达差异相关，仍需深入研究。

参考文献

陈宝悦，曹玲，王艳芳，等，2014. NaCl 胁迫对芹菜生长、生理生化特性及品质的影响 [J]. 华北农学报，29（S1）：218-222.

陈培琴，郁松林，詹妍妮，等，2006. 植物在高温胁迫下的生理研究进展 [J]. 中国农学通报（5）：223-227.

邓敏捷，张晓申，范国强，等，2013. 四倍体泡桐对盐胁迫生理响应的差异 [J]. 中南林业科技大学学报，33（11）：42-46.

耿兴敏，胡才民，杨秋玉，等，2014. 杜鹃花对各种非生物逆境胁迫的抗性研究进展 [J]. 中国野生植物资源，33（3）：18-21.

韩王朝，张力君，裴磊，2010a. 饲用牧草耐旱性研究 [J]. 内蒙古农业科技（3）：68-70.

赫兰保，徐永清，李凤兰，等，2015. 盐胁迫对鲁梅克斯杂交酸模种子萌发及幼苗生理特性的影响 [J]. 草业科学，32（3）：400-405.

黄彩变，曾凡江，雷加强，2014. 塔克拉玛干沙漠南缘 3 个沙拐枣种的抗旱特性比较 [J]. 草业学报，23（3）：136-143.

黄海燕，刘帅帅，王生荣，等，2015. 中间冰草种质材料苗期耐盐性研究 [J]. 作物杂志（1）：36-42.

江绪文，李贺勤，王建华，2015. 盐胁迫下黄芩种子萌发及幼苗对外源抗坏血酸的生理响应 [J]. 植物生理学报，51（2）：166-170.

李建民，苏旭，拉本，等，2014. 青海湖畔三种盐生植物叶片中叶绿素和类胡萝卜素含量的测定 [J]. 北方园艺（23）：61-64.

林天宝，刘岩，张薇，等，2013. NaCl 胁迫对桑苗生理生化指标的影响 [J]. 浙江农业科学（12）：1667-1672.

刘凤歧，刘杰淋，朱瑞芬，等，2015. 4 种燕麦对 NaCl 胁迫的生理响应及耐盐性评价 [J]. 草业学报，24（1）：183-189.

刘慧，郝敬虹，韩莹琐，2014. 高温诱导叶用莴苣抽薹过程中内源激素含

量变化分析 [J]. 中国农学通报, 30 (25): 97-103.

刘建新, 王金成, 王瑞娟, 等, 2014. 燕麦幼苗对氯化钠和氯化钾胁迫的
生理响应差异 [J]. 水土保持通报, 34 (5): 74-79.

刘军钟, 何祖华, 2014. 植物响应高温胁迫的表观遗传调控 [J]. 科学通
报, 59 (8): 631-639.

刘敏, 厉悦, 梁艳, 等, 2013. 不同浓度氯化钠胁迫对万寿菊幼苗生长及
生理特性的影响 [J]. 北方园艺 (24): 63-66.

鲁晓燕, 吕新民, 金朋, 等, 2014. NaCl 胁迫对八棱海棠和山定子电导率
和抗氧化酶活性的影响 [J]. 新疆农业科学, 51 (2): 311-317.

鲁艳, 雷加强, 曾凡江, 等, 2014. NaCl 处理对多枝柽柳 (*Tamarix ramo-sissima*) 生长及生理的影响 [J]. 中国沙漠, 34 (6): 1509-1515.

陆銮眉, 林金水, 黄丽红, 等, 2014. 高温胁迫对 2 种龙船花生理指标的
影响 [J]. 福建林业科技, 41 (2): 26-29.

倪建中, 王伟, 郁书君, 等, 2014. 干旱胁迫对木棉叶片若干生理生化指
标的影响 [J]. 热带作物学报, 35 (10): 2020-2024.

聂石辉, 齐军仓, 张海禄, 等, 2011. PEG6000 模拟干旱胁迫对大麦幼苗
丙二醛含量及保护酶活性的影响 [J]. 新疆农业科学, 48 (1): 11-17.

潘昕, 邱权, 李吉跃, 等, 2014. 干旱胁迫对青藏高原 6 种植物生理指标
的影响 [J]. 生态学报, 34 (13): 3558-3567.

彭英, 刘晓静, 汤兴利, 等, 2014. 盐胁迫对北沙参生长及生理特性的影
响 [J]. 江苏农业学报, 30 (6): 1273-1278.

邵艳军, 山仑, 2006. 植物耐旱机制研究进展 [J]. 中国生态农业学报
(4): 16-20.

田治国, 王飞, 张文娥, 等, 2011. 高温胁迫对孔雀草和万寿菊不同品种
生长和生理的影响 [J]. 园艺学报, 38 (10): 1947-1954.

屠小菊, 汪启明, 饶力群, 2013. 高温胁迫对植物生理生化的影响 [J].
湖南农业科学 (13): 28-30.

王宝增, 王棉, 田薇, 等, 2013. 沙打旺对盐胁迫的生理响应 [J]. 广东
农业科学, 40 (19): 57-59.

薛秀栋, 董晓颖, 段艳欣, 等, 2013. 不同盐浓度下 3 种结缕草的耐盐性
比较研究 [J]. 草业学报, 22 (6): 315-320.

杨东清, 王振林, 倪英丽, 等, 2014. 高温和外源 ABA 对不同持绿型小
麦品种籽粒发育及内源激素含量的影响 [J]. 中国农业科学, 47

（11）：2109-2125.

杨小飞，郭房庆，2014. 高温逆境下植物叶片衰老机理研究进展 ［J］. 植物生理学报，50（9）：1285-1292.

张志伟，周津吟，李莎，2015. 高温胁迫对胭脂花叶片细胞膜透性影响研究 ［J］. 安徽农学通报，21（Z1）：33-34.

赵森，于江辉，肖国樱，2012. 高温胁迫对爪哇稻剑叶抗氧化酶及膜透性的影响 ［J］. 热带作物学报，33（10）：1846-1850.

赵旭，杨振华，赵静，等，2015. NaCl 胁迫对罂粟幼苗生长及生理特性的影响 ［J］. 安徽农业科学，43（1）：3-6.

周瑞莲，王海鸥，赵哈林，1999. 不同类型沙地植物保护酶系统对干旱、高温胁迫的响应 ［J］. 中国沙漠（S1）：50-55.

朱鑫，沈火林，2014. 高温胁迫对芹菜幼苗细胞膜稳定性的影响 ［J］. 北方园艺（7）：16-20.

BüCKER-NETO L, PAIVA A L S, MACHADO R D, et al., 2017. Interactions between plant hormones and heavy metals responses ［J］. Genetics and molecular biology, 40（1）：373-386.

CHALLINOR A J, WATSON J, LOBELL D B, 2014. A meta analysis of crop yield under climate change and adaptation ［J］. Nature Climate Change, 4（4）：287-291.

GUO J, WANG S, YU X, et al., 2018. Polyamines regulate strawberry fruit ripening by abscisic acid, auxin, and ethylene ［J］. Plant physiology, 177（1）：339-351.

J B, O B, 1980. Photosynthetic Response and Adaptation to Temperature in Higher Plants ［J］. Annual Review of Plant Physiology, 31：491-543.

KAZUKO Y, KAZUO S, 2006. Transcriptional regulatory networks in cellular responses and tolerance to dehydration and cold stresses ［J］. Annual Review of Plant Biology, 57：781-803.

LI H, LIU S, YI C, et al., 2014. Hydrogen peroxide mediates abscisic acid-induced HSP70 accumulation and heat tolerance in grafted cucumber plants ［J］. Plant, Cell & Environment, 37（12）：2768-2780.

LI J, YANG Y, SUN K, et al., 2019. Exogenous melatonin enhances cold, salt and drought stress tolerance by improving antioxidant defense in tea plant ［Camellia sinensis（L.）O. Kuntze］ ［J］. Molecules, 24（9）：1826.

P K A, B J, 2010. Transcription factors in plants and ABA dependent and independent abiotic stress signalling [J]. Biologia Plantarum, 54 (2): 201-212.

SAKATA T, OSHINO T, MIURA S, et al., 2010. Auxins reverse plant male sterility caused by high temperatures [J]. Proceedings of the National Academy of Sciences of the United States of America, 107 (19): 8569-8574.

TL T, M K, 2015. Effect of high temperature on fruit productivity and seed-set of sweet pepper (*Capsicum annuum* L.) in the field condition [J]. Journal of Agricultural Science and Technology, 5 (12): 516-521.

WEVERTON P R, JEFFERSON R S, LUCIENE S F, et al., 2018. Stomatal and photochemical limitationsof photosynthesis in coffee (Coffea spp.) plants subjected to elevated temperatures [J]. Crop and Pasture Science, 69 (3): 317.

5 花花柴逆境胁迫下的转录组分析

现代生物领域研究需要高效的基因组和转录组分析技术来研究细胞状态、生理和活动，而新一代转录本测序（RNA-Seq）技术恰好满足这一需求。以前，mRNA 的表达是通过微阵列技术或实时定量 PCR 技术来检测的。第一种方法缺乏灵敏度，而后者相当昂贵，不适合用于全基因组层面的基因表达调查。相反，新一代测序（next-generation sequencing, NGS）方法则快速廉价，完全满足了高通量基因表达分析、基因组注释或非编码 RNA 的挖掘（Mardis, 2008）。DNA 测序是分子生物学研究一项重要的技术，20 世纪 70—90 年代采用双脱氧链终止技术（Ronaghi, 2001）。NGS 则是采用了称作为焦磷酸测序技术（pyrosequencing）的边合成边测序（sequence by synthesis, SBS）方法。分析转录组变化的焦磷酸测序技术称为短序列大规模并行测序（short-read massively parallel sequencing）或 RNA-Seq（Denoeud et al., 2008）。近年来，RNA-Seq 作为主要的转录组定量分析技术被迅速推广（Wang et al., 2008）。

在逆境条件下，花花柴在生理生化、基因表达等方面表现出一些改变。目前，有不少学者对花花柴的抗逆性进行了研究，刘陈等（2012）对花花柴进行 NaCl 胁迫处理，研究发现在高盐条件下，*KcPIP2* 和 *1* 基因的表达量上调，表明 *KcPIP2* 和 *1* 基因很可能与花花柴的抗盐机理有关。李彬等（2011）成功克隆到花花柴的 *NHX* 基因，并且研究发现，*NHX* 基因的超表达能够增强植物的抗盐性。杜驰等研究了花花柴在高盐条件下，miR398 对 Cu/Zn 超氧化物歧化酶基因的调控机理，发现花花柴的 miR398、*CSD*1 和 *CSD*2 基因在盐胁迫条件下的过表达可以减轻盐胁迫对植物产生的氧化破坏（杜驰等，2014）。廖茂森利用 RACE 技术克隆和分析了 miRNAs 的靶基因及其在靶基因上的剪切位点，表明 miR164、miR394 及 miR398 通过降解靶基因 *CUC2*、*F-box* 及 *CSD2* 的 mRNA 水平调控基因表达；同时利用 qRT-PCR 技术检测了逆境胁迫下，花花柴 11 个 miRNAs 在不同组织器官的表达模式，表明花花柴 miRNAs 及其靶基因在盐胁迫下可以被诱导表达，各组织调控模式不一致，存在组织特异性，可能与植物的逆境适应有关（廖茂森，2013）。Zhang 等（2014）对盐胁迫下花花柴转录组的分析，挖掘出几个关键基因主要涉及 ABA 的代谢、运输、信号转导等途径。张霞（2007）分析克隆了花花柴 *NHX* 基因家族的两个成员（*Kc-NHX1* 和 *KcNHX2*），在盐胁迫条件下，*KcNHX1* 和 *KcNHX2* 均能够受到盐胁迫的诱导，但 *KcNHX1* 表达量高于 *KcNHX2*，说明两个基因在植物中可能起着不同的调控作用。

国内外在花花柴抗逆性调控方面进行了较多研究，表明花花柴的抗逆性较强，尤其是花花柴耐旱能力相对较强（石新建，2015）。目前，花花柴尚没有完成全基因组测序，对完整的转录组信息了解不足，其耐旱性分子机制的研究仍然较少。

本研究第一部分采用 RNA-Seq 技术获得了花花柴干旱胁迫下的转录组，挖掘出耐旱相关的差异表达基因（DEG），并进一步利用 qRT-PCR 方法对这些差异基因表达谱进行验证，从而筛选出与耐旱相关的重要基因，并初步分析预测其功能。对花花柴耐旱相关基因的挖掘与验证，有助于进一步了解花花柴耐旱相关调控机理的研究。

高温胁迫是影响植物正常生长发育的重要逆境因子。随着全球气温的不断升高，极端高温出现的频率越来越高，对农作物等经济植物和普通植物的威胁正日益加剧，越来越多的研究者们也开始关注高温对植物的影响。荒漠植物在漫长的进化中形成了一系列应对各种逆境胁迫的适应体系，以重建新的代谢平衡，使植物体发挥正常功能以抵抗逆境胁迫对植物的损伤，甚至使植物在高温等逆境下保持产量。

在第二部分内容中，通过对花花柴叶片在 45℃高温条件下进行 0h、2h、4h、8h、12h 五个处理，对其 DNA、RNA 及蛋白质进行电泳分析，并对五个处理叶片细胞的原生质体进行彗星电泳检测，为发掘花花柴耐高温的生物学特性及利用提供参考依据。通过对常温—高温处理后的花花柴叶片进行转录组测序，获得花花柴叶片常温和高温的转录组数据，为挖掘花花柴耐高温相关基因奠定基础；通过比较分析获得显著差异表达基因，以期从基因转录水平揭示花花柴响应高温胁迫的分子机制，从而为进一步挖掘花花柴耐高温相关基因及其可能的耐高温机制，为耐高温分子育种提供基因资源和参考依据。

5.1 材料和方法

5.1.1 试验材料及处理

试验所用的花花柴种子采自新疆阿拉尔市（40°32′N，81°17′E）的荒漠环境。选取大小均匀、饱满的花花柴种子，播种于混合基质中（$V_{营养土} : V_{蛭石} = 2 : 1$），温度为（23 ± 2）℃，光照 16h/d，光强为 $600\mu mol/(m^2 \cdot s)$ 的温室中培养。待幼苗生长 60d 时，选取高约 15cm、生长一致的花花柴幼苗进行 PEG 胁迫和高温胁迫处理。

将幼苗移入蒸馏水中缓苗 2d 后，采用浓度为 20% 的 PEG-6000 溶液进行模拟干旱胁迫处理。按照时间进程，分别于处理 0h、4h、8h、12h 和 24h 时，对样品的根部和叶部进行取样，取样后立即投入液氮中保存备用。

将室内培养的长势良好且无病虫害的花花柴在浇水 1d 后选取 3 株作为样品，采集每株花花柴叶片混合为对照样品（Kc-ck），采集完常温样品后，将花花柴放入培养箱中 45℃高温下培养 2h，采集每株花花柴叶片，混合后为高温处理样品（Kc-h），每个样品设 3 次重复，采集后用液氮速冻，-80℃保存备用。

5.1.2 试验方法

5.1.2.1 花花柴幼苗基因表达谱测序

本研究的花花柴幼苗基因表达谱（DGE）测序由深圳华大基因公司采用 Ion Proton 测序仪完成。具体过程如下：提取样品（叶片和根）总 RNA 后，使用 DNase I 酶消化其中的 DNA，消化产物用磁珠纯化。采用带有 Oligo (dT) 的磁珠富集 total RNA 中的 mRNA，并将适量破碎试剂加入 mRNA 中，高温条件下使其片段化，将片段化后的 mRNA 作为模板，反转录合成 cDNA，进行末端修复、磁珠纯化、连接接头后，对连接产物片段选择进行胶纯化回收，对回收产物进行 PCR 扩增并用磁珠纯化，进而完成整个文库的构建。构建好的文库用 Agilent 2100 Bioanalyzer 检测其大小和浓度，文库质量控制合格后使用 Ion Proton 进行测序。

5.1.2.2 测序结果的生物信息学分析

测序完成后，将得到的数据按图 5-1 中所示流程进行分析。

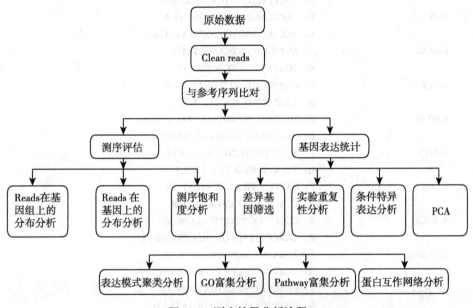

图 5-1 测序结果分析流程

利用 NCBI 数据库进行测序结果的 BLAST 比对分析。运用 RPKM 法进行差异基因表达分析。采用国际标准化的 GO 基因功能分类系统进行差异表达基因 GO 本体的显著性富集分析；采用国际公共数据库 KEGG 进行差异表达基因的 Pathway 通路显著性富集分析。

5.1.2.3 抗逆相关基因半定量 PCR 和 qRT-PCR 检测

本研究先采用半定量 RT-PCR 方法对筛选出的 13 个目的基因进行初步的定性验证，RT-PCR 使用 Takara Ex Taq®，利用 Primer Premier 5 设计扩增引物（表 5-1），并送往金斯瑞生物科技公司合成。

PCR 反应程序为：94℃ 预变性 5min，94℃ 变性 40s，50~60℃ 退火 30s，72℃ 延伸 1min，28~35 个循环；72℃ 延伸 10 min，反应后于 4℃ 保温。其扩增引物用 1.5% 的琼脂糖凝胶电泳进行检测。其体系见表 5-2。

表 5-1 RT-PCR 引物序列

基因	引物序列（5'→3'）
KcAB39G	F：CGGCGATGGTAGTGATGAAGC
	R：TCAAGCGATTTCGGGAGTGC
KcBAM1	F：GGATTCTGTCGCCGTGTTCTA
	R：TCCTTAGGCTGTGACTCGTTGC
KcASNS2	F：AACGCACGCCTTAGAACCAGA
	R：ACCACGAGGAGATCCGTAATAGC
KcARAK	F：AGTTGCTCGTTCAAGGTATGG
	R：TGGTTGGCTCTGTCTGGTTT
KcDCE1	F：GGATGGGTGATTTGGAGGAGC
	R：CAGCCGTTCAGCCAGTGTTC
KcDNJH	F：TCCCATAATTGTGAACATACAGCCA
	R：AGCAGCCAAGCACGATACCAG
KcINT2	F：ATCCCGTTTCTTCAACCTCCTT
	R：TTCATTGGTGCCGTGCTCAT
KcMGL	F：CATTTCCTTCCGAGATCATCCA
	R：CTAGCAGGCCCACAAACAGC
KcNAC3	F：CCCTTGGCTGATTTCGGGAGATTAT
	R：GCACCTTTTTGACCACAATGGAACA
KcNCED3	F：ACGACGACCTCATCGGTTTCC
	R：TGATTTGCCTTATGAAGTGCGTGT
KcP5CS1	F：GCAGCATTCACATCATCCACAA
	R：GATTCCAAGAGGCAGCAATAAACT
KcPIP23	F：GATCGCTGAGTTTATCGCTACGTTT
	R：CGAGACCGTCGCCTTTAGTGT
KcGLGI4	F：TTTCCTGCTTCTCCTGGTGT
	R：CAAGAAACTTGGAGCTATTCAGTC

表 5-2 RT-PCR 反应体系

反应体系组成	体积
10×PCR Buffer	2μL
dNTPS	2.5μL
cDNA	2μL
Forward Primer	0.5μL
Reverse Primer	0.5μL
Taq DNA polymerase	0.3μL
ddH$_2$O	17.2μL
Total volume	25μL

在此基础上，本研究采用 *actin* 作为内参基因，利用罗氏实时荧光定量 PCR 仪对 13 个基因的表达量进行定量检测，qRT-PCR 使用 Takara 的 SYBR Premix EX TaqTM (Tli RNAseH Plus)，利用 Primer Premier 5 设计引物（表 5-3），引物由金斯瑞生物科技公司合成。

表 5-3 qRT-PCR 引物序列

基因	引物序列（5'→3'）
KcActin	F：AGGTCACGACCAGCAAGATCA
	R：TGCTGGATTCTGGAGATGGTG
KcAB39G	F：TTGAATGTCTCAGGGTCAGGTT
	R：AGCACCACCACTTTCCGTATT
KcASNS2	F：CGCACGCCTTAGAACCAGA
	R：TGAAGTGTTTCCACCGGGAC
KcBAM1	F：GCCAGTTATCAGCCTCGAACA
	R：ATACGACGGCGGAGCTTACC
KcDCE1	F：TCAAGAACACTGGCTGAACGG
	R：CCTTAGCAGGCAGCGTATCG
KcDNJH	F：TCAACGCCTCCGCCAAAGT
	R：GGAAACGAGCAGCCAAGCAC
KcINT2	F：AAGCAGGGCAGGTGAAGTTAC
	R：CAAGAGACCACAACCCATTCA
KcMGL	F：ACCGAAGCCCGTGCCAATA
	R：GGTGCTGCTAACCCGAACAAG
KcNAC3	F：CCCAATCTGTCTTTTCGCCTT
	R：AGTGCGGGGTATTGGAAAGC
KcNCED3	F：GGTTCTTCCCAAGCGTTCC
	R：CGATGGTTCCGGCATCAA
KcP5CS1	F：CATTGGACCTTCTTGCTTCCTT
	R：CTTTGAGTCTCGGCCTGACG
KcPIP23	F：GTTTGCGGTGTTTCTTGTGC
	R：ATGAATGGTCCAACCCAGAAC

qRT-PCR 反应程序为：95℃预变性 30s；95℃变性 5s，55~60℃退火 15s，72℃延伸 15s，40 个循环。其体系见表 5-4。

表 5-4　qRT-PCR 反应体系

反映体系组成	体积
cDNA	1μL
Forward Primer	0.4μL
Reverse Primer	0.4μL
SYBR Premix Ex TaqII （2×）	5μL
ddH$_2$O	3.2μL
Total volume	10μL

5.1.2.4　差异表达基因的生物信息学分析

本研究中用于差异表达基因生物信息学分析的在线软件如下。

（1）物理特性预测——ExPASy（http：//web. expasy. org/protparam/）。

（2）跨膜结构预测——TMHMM（http：//www. cbs. dtu. dk/services/TM-HMM/）。

（3）信号肽预测——SignalP 4.1 Server（http：//www. cbs. dtu. dk/services/SignalP/）。

（4）三级结构预测——Phyre2（http：//www. sbg. bio. ic. ac. uk/phyre2/html/）。

5.2　花花柴在干旱胁迫下的转录组分析

5.2.1　测序评估结果分析

5.2.1.1　数据比对统计

本研究对测得的 Reads 与拟南芥参考基因组进行比对。结果显示，样本注释到参考基因组的匹配率在 42.14%～47.22%范围内，与基因组完全匹配比率约为 13%（表 5-5）。因花花柴尚无参考基因组，用拟南芥参考基因组作参照，造成匹配率偏低。

表 5-5　样品与参考基因组比对的统计

Sample ID	Total Reads	Total BasePairs	Total Mapped Reads	Perfect Match	Mismatch	Unique Match	Multi-position Match	Total Unmapped Reads
Kc_CKL0	24 305 376 (100. 00%)	2 847 484 042 (100. 00%)	10 857 628 (44. 67%)	3 194 429 (13. 14%)	7 663 199 (31. 53%)	9 588 981 (39. 45%)	1 268 647 (5. 22%)	13 447 747 (55. 33%)
Kc_CKL12	24 620 958 (100. 00%)	2 973 156 375 (100. 00%)	10 374 752 (42. 14%)	3 332 784 (13. 54%)	7 041 968 (28. 60%)	9 146 861 (37. 15%)	1 227 891 (4. 99%)	14 246 205 (57. 86%)
Kc_CKL24	25 213 756 (100. 00%)	3 185 895 705 (100. 00%)	11 131 730 (44. 15%)	3 334 774 (13. 23%)	7 796 956 (30. 92%)	9 853 340 (39. 08%)	1 278 390 (5. 07%)	14 082 025 (55. 85%)
Kc_CKL4	24 524 063 (100. 00%)	2 958 314 805 (100. 00%)	11 580 462 (47. 22%)	3 282 312 (13. 38%)	8 298 150 (33. 84%)	9 679 778 (39. 47%)	1 900 684 (7. 75%)	12 943 600 (52. 78%)
Kc_CKL8	23 329 505 (100. 00%)	2 947 165 263 (100. 00%)	10 813 523 (46. 35%)	3 392 153 (14. 54%)	7 421 370 (31. 81%)	9 498 268 (40. 71%)	1 315 255 (5. 64%)	12 515 981 (53. 65%)
Kc_CKR0	24 185 773 (100. 00%)	3 082 096 106 (100. 00%)	11 083 380 (45. 83%)	3 231 681 (13. 36%)	7 851 699 (32. 46%)	9 862 696 (40. 78%)	1 220 684 (5. 05%)	13 102 392 (54. 17%)
Kc_CKR12	26 423 850 (100. 00%)	3 320 884 069 (100. 00%)	11 965 929 (45. 28%)	3 432 970 (12. 99%)	8 532 959 (32. 29%)	10 599 629 (40. 11%)	1 366 300 (5. 17%)	14 457 920 (54. 72%)
Kc_CKR24	26 447 889 (100. 00%)	3 353 467 206 (100. 00%)	12 023 228 (45. 46%)	3 506 585 (13. 26%)	8 516 643 (32. 20%)	10 656 883 (40. 29%)	1 366 345 (5. 17%)	14 424 660 (54. 54%)
Kc_CKR4	26 552 625 (100. 00%)	3 326 053 137 (100. 00%)	12 185 083 (45. 89%)	3 514 698 (13. 24%)	8 670 385 (32. 65%)	10 809 042 (40. 71%)	1 376 041 (5. 18%)	14 367 541 (54. 11%)
Kc_CKR8	25 175 413 (100. 00%)	3 150 367 291 (100. 00%)	11 385 114 (45. 22%)	3 292 496 (13. 08%)	8 092 618 (32. 14%)	10 116 992 (40. 19%)	1 268 122 (5. 04%)	13 790 298 (54. 78%)

5.2.1.2 差异表达基因统计

在生物信息学分析中，将 FDR ≤ 0.001 且差异倍数不低于 2 倍的基因定义为差异表达基因。本研究统一将基因表达量标准化为 RPKM 值，计算 p-value 和 FDR，并根据该标准进行差异表达基因的筛选，与对照组相比，得到了在不同胁迫处理下上调和下调的基因个数（图 5-2）。通过干旱胁迫时间进程处理花花柴的叶组织中 4h 时上调基因 344 个，下调基因 211 个；8h 时上调基因 644 个，下调基因 322 个；12h 时有上调基因 492 个，下调基因 245 个；24h 时上调基因 606 个，下调基因 509 个。在干旱胁迫时间进程处理花花柴的根组织中 4h 时上调基因 254 个，下调基因 193 个；8h 时上调基因 490 个，下调基因 401 个；12h 时上调基因 386 个，下调基因 278 个；24h 时上调基因 528 个，下调基因 429 个。上调基因的数量在叶部和根部中均为处理 8h 时达到了峰值。所有取样时间点，叶部上调基因的数量均显著大于根部上调的数量（图 5-5A）。下调基因的数量在叶部和根部中均为处理 24h 时达到了峰值。所有取样时间点，根部下调基因的数量均显著大于叶部下调的数量（图 5-5B）。

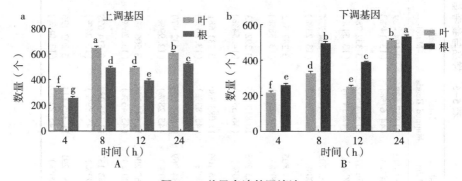

图 5-2 差异表达基因统计

5.2.2 干旱胁迫下花花柴幼苗叶部的表达谱分析

5.2.2.1 差异表达基因的分布特征

对 4h、8h、12h 和 24h 这 4 个时间段处理下的差异表达基因进行两两之间的相互比较，如图 5-3 所示，在叶部干旱胁迫处理的样本中 4 个时间段均表达的上调基因有 122 个，下调基因有 54 个，初步认为这些基因是对干旱胁迫均有响应的基因。根据分析结果，我们能够从中筛选出一些具有研究价值的差异表达基因进行下一步研究。

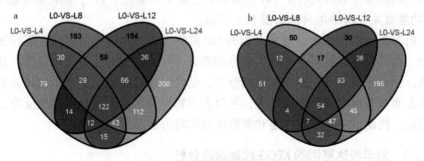

图 5-3 差异表达基因分布

5.2.2.2 差异表达基因的 GO 功能分析

Gene Ontology（简称 GO）是一个通过利用统一化、结构化的语言建立的适用于不同物种的国际通用系统，可以对基因和蛋白质功能进行全面的定义和描述（图 5-4）。Gene Ontology 包括三个域：构成细胞内的组分和元件

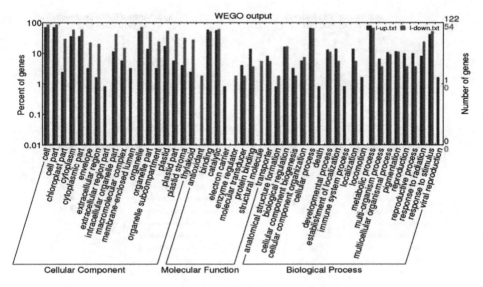

图 5-4 差异表达基因的 GO 分类

（cellular component），此组分件在分子水平上所行使的功能（molecular function），该分子功能所直接参与的生物过程（biological process）。将各胁迫处理下均表达的差异基因进行了 GO 功能显著性富集的研究。这些差异表达基因的 GO 功能富集分析结果具体如图 5-4 所示。

由图 5-4 可以看出，这些基因的 GO 富集主要涉及细胞位置，主要在细胞组分、内部膜、细胞器、细胞器成分和高分子复合物等方面显著性富集；分子功能，主要在转录因子活性、结构分子、结合、催化反应、结合蛋白和分子传导等方面显著性富集；生物过程，主要在生物调节、发育过程、应激反应、细胞过程、代谢过程、定位确定和多机体过程等方面显著性富集。

5.2.2.3 差异表达基因的 KEGG 代谢通路分析

KEGG 是一个系统分析基因产物在细胞中的代谢途径及其功能的数据库，利用 KEGG 可以进一步研究基因在生物学上的复杂行为。本研究以 Q 值 ≤0.05 为标准进行筛选，将不同时间胁迫处理下的差异表达基因进行了 Pathway 代谢通路显著性富集分析的研究。

由图 5-5 可以看出，差异表达基因主要在代谢途径、次级代谢物生物合成、糖酵解和糖异生、核糖体、半胱氨酸和二羧酸代谢等方面显著富集。

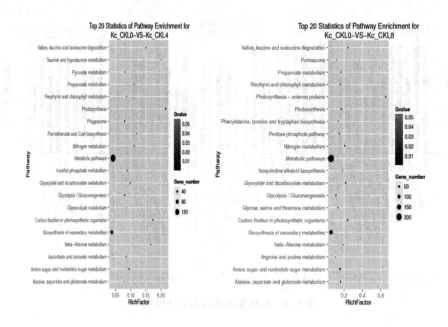

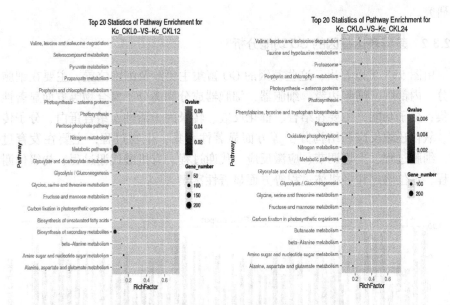

图 5-5　KEGG Pathway 富集程度统计散点图

5.2.3　干旱胁迫下花花柴幼苗根部的表达谱分析

5.2.3.1　差异表达基因的分布特征

对 4h、8h、12h 和 24h 这 4 个时间段,对根部在干旱胁迫处理下的差异表达基因进行两两之间的相互比较(图 5-6)。样本中均表达的上调基因有 73 个,下调基因有 79 个,初步认为这些基因是对干旱胁迫均有响应的基因。根据分析结果,我们能够从中筛选出一些具有研究价值的差异表达基因进行下一

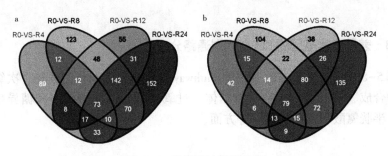

图 5-6　差异表达基因分布

步研究。

5.2.3.2　差异表达基因的 GO 功能分析

由图 5-7 可以看出，这些基因的 GO 富集主要涉及细胞位置，主要在细胞组分、内部膜、细胞边缘、细胞器、细胞器成分和高分子复合物等方面显著性富集；分子功能，主要在结合、催化反应、转录因子活性、结合蛋白、分子传导、氧化还原反应和结构分子等方面显著性富集；生物过程，主要在发育过程、细胞过程、生物调节、应激反应、代谢过程、有机酸代谢过程、初级代谢过程、定位确定和多机体过程等方面显著性富集。

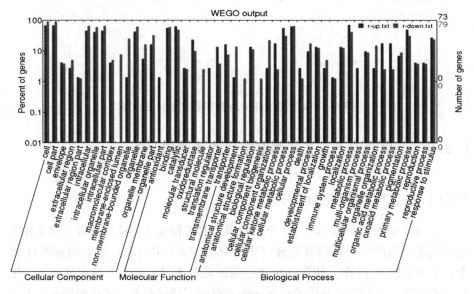

图 5-7　差异表达基因的 GO 分类

5.2.3.3　差异表达基因的 KEGG 代谢通路分析

图 5-8 显示，差异表达基因的 Pathway 富集主要涉及代谢途径、次级代谢物生物合成、ABC 转运蛋白、核糖体、过氧化物酶体、糖酵解和糖异生、碳固定、半胱氨酸和二羧酸代谢等方面。

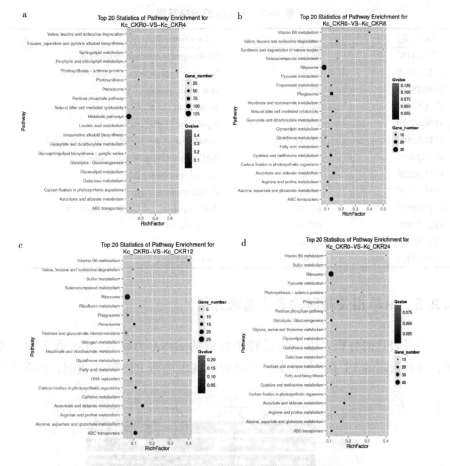

图 5-8 KEGG Pathway 富集程度统计散点图

5.2.4 耐旱相关基因的筛选

结合表达谱分析结果及相关文献，对花花柴表达谱中可能与干旱胁迫响应通路相关的基因进行简单统计，结果如表 5-6 所示。其中存在一些其他植物中已经发现的与干旱胁迫调控相关的各类转录因子基因，主要包括 *NCED3*、*NAC3* 和 *PIP23* 等。此外，还发现了一些在干旱胁迫下表达量差异倍数较为显著的基因，其中包括 *GLGL4*、*DNJH*、*MGL*、*ASNS2*、*P5CS1*、*INT2*、*DCE1*、*AB39G*、*ARAK* 和 *BAM1*。

表 5-6　干旱胁迫响应基因

Gene ID	Gene	Function
AT3G14440	NCED3	9-cis-epoxycarotenoid dioxygenase 2
AT2G21590	GLGL4	Glucose-1-phosphate adenylyltransferasa
AT4G28480	DNJH	heat shock protein
AT1G64660	MGL	methionine gamma-lyase
AT5G65010	ASNS2	asparagine synthetase 2
AT2G39800	P5CS1	delta1-pyrroline-5-carboxylate synthase 1
AT3G29035	NAC3	NAC domain-containing protein 3
AT1G30220	INT2	inositol transporter 2
AT5G17330	DCE1	glutamate decarboxylase 1
AT1G66950	AB39G	ABC transporter G family member 39
AT2G37180	PIP23	aquaporin PIP2-3
AT3G42850	ARAK	arabinose kinase
AT3G23920	BAM1	beta-amylase 1

5.2.5　耐旱相关基因的表达模式分析

通过表达谱分析，以上述反转录合成的 cDNA 为模板，18S 作为内参基因，将筛选出的 13 个耐旱相关的差异表达基因进行 RT-PCR 检测，如图 5-9

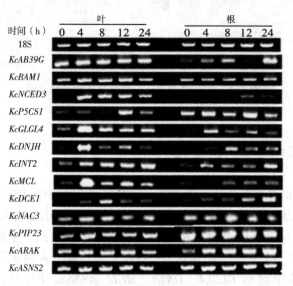

图 5-9　耐旱相关基因的表达模式

所示，各个基因在不同时间段的胁迫处理下发生不同变化倍数的上调或者下调表达，其表达模式与表达谱结果基本一致。

5.2.6 耐旱相关基因 qRT-PCR 验证

本试验以上述反转录合成的 cDNA 为模板，用 qRT-PCR 方法检测筛选出的 13 个耐旱相关的差异表达基因，验证花花柴幼苗表达谱测序结果的真实准确性。根据 qRT-PCR 结果的扩增曲线可以看出（图 5-10），差异表达基因的扩增趋势基本一致，基线一致平缓。

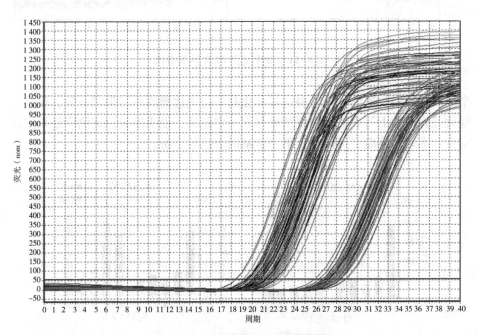

图 5-10 荧光定量 PCR 扩增曲线

根据 qRT-PCR 结果的溶解曲线可以看出（图 5-11），差异表达基因扩增的峰值单一，引物的特异性较高，因此我们可以认为该 qRT-PCR 反应的重复性和扩增效果良好，试验结果真实可靠，可以用于验证表达谱测序结果的准确性。

本试验以 actin 作为内参基因，根据 $2^{-\triangle\triangle Ct}$ 法计算出 13 个差异表达基因的相对表达量，并通过与表达谱测序的结果进行对比（图 5-12），发现其中有 9

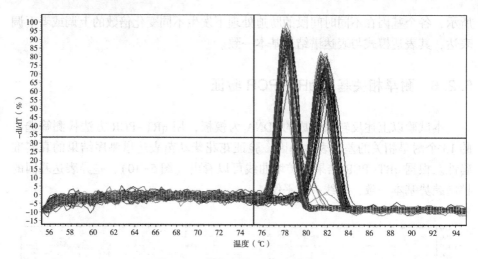

图 5-11　荧光定量 PCR 溶解曲线

个基因在不同胁迫处理下的表达量变化趋势与表达谱测序结果相一致，仅是在变化差异倍数上与表达谱测序结果存在一定差异，说明该表达谱测序结果的真实性和准确性较高，可以用于下一步基因表达的分析。

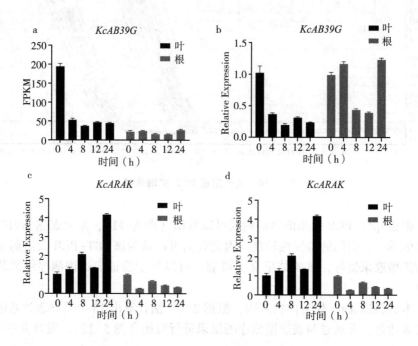

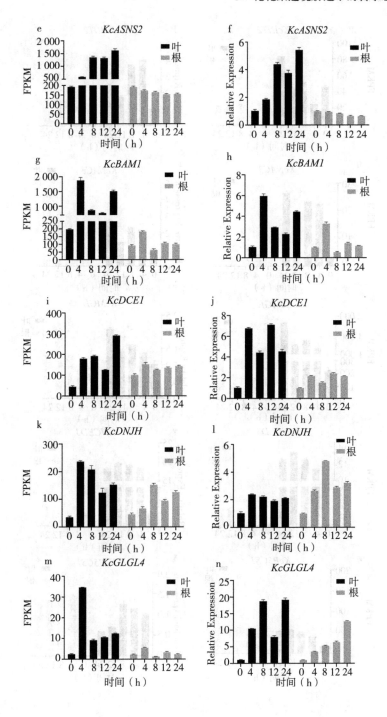

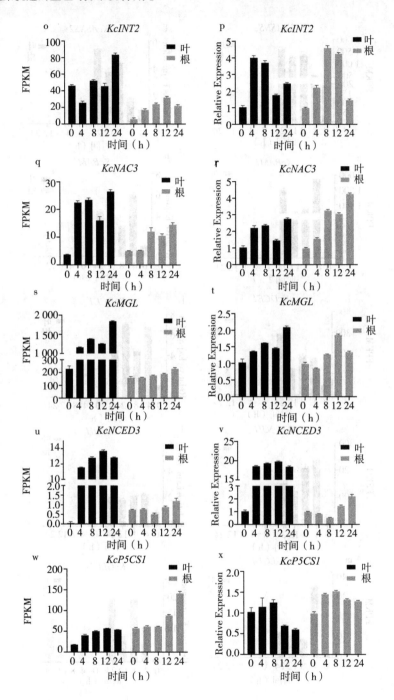

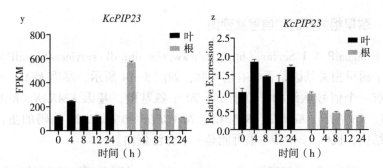

图 5-12　差异表达基因的 qRT-PCR 验证

5.2.7　耐旱相关基因的生物信息学分析

5.2.7.1　耐旱相关基因的跨膜结构预测

通过 TMHMM 软件（http：//www.cbs.dtu.dk/services/TMHMM）在线预测 9 个耐旱相关基因的蛋白跨膜结构，如图 5-13 所示，基因 *KcAB39G* 编码的蛋白有 5 次跨膜结构域，分别位于 46~68、81~103、113~130、142~161 和 192~214 五个区域，基因 *KcARAK*、*KcASNS2*、*KcBAM1*、*KcDNJH*、*KcMGL*、*KcNAC3* 和 *KcNCED3* 编码的蛋白没有跨膜结构域，基因 *KcPIP23* 编码的蛋白有 6 次跨膜结构域，分别位于 55~77、90~112、132~154、175~199、209~231 和 257~279 六个区域。说明 *KcAB39G* 和 *KcPIP23* 很可能是一种跨膜蛋白，而 *KcARAK*、*KcASNS2*、*KcBAM1*、*KcDNJH*、*KcMGL*、*KcNAC3* 和 *KcNCED3* 则属于定位于细胞质或细胞器中的蛋白质。

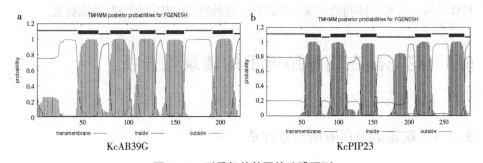

图 5-13　耐旱相关基因的跨膜预测

5.2.7.2 耐旱相关基因的信号肽预测

利用 SignalP 4.1 Server（http：//www. cbs. dtu. dk/services/SignalP）在线预测 9 个耐旱相关基因是否含有信号肽，如图 5-14 所示，基因 *KcAB39G* 编码的蛋白有一个信号肽结构，位于 19~20 个氨基酸，基因 *KcARAK*、*KcASNS2*、*KcBAM1*、*KcDNJH*、*KcMGL*、*KcNAC3*、*KcNCED3* 和 *KcPIP23* 编码的蛋白没有信号肽结构，说明 *KcAB39G* 很可能是一个分泌蛋白。

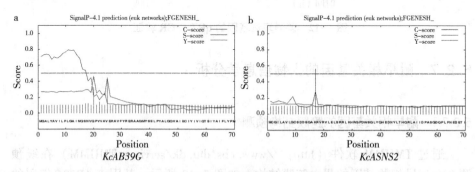

图 5-14 耐旱相关基因的信号肽预测

5.2.7.3 耐旱相关基因的三维结构预测

利用在线软件 Phyre2（http：//www. sbg. bio. ic. ac. uk/phyre2/html）预测蛋白的三维结构，如彩图 5-15 所示，把 9 个耐旱相关基因的三维结构图与模式植物拟南芥中同源基因的三维结构图进行比较，发现它们的螺旋空间结构特点基本相同，推测这些蛋白与其近缘物种的同类蛋白具有很高的保守性。从 9 个差异表达基因三维结构的横截面图可以看出，每个蛋白都是由对称的单体组成的二聚体结构，有些单体间会形成空腔结构，这种特殊结构可能与其功能有关。

5.3 花花柴在高温胁迫下的转录组分析

5.3.1 花花柴测序数据质量评估

分别对常温和高温处理 2h 的花花柴叶片进行转录组测序，得到花花柴叶片常温（Kc-ck）的 total raw reads 54 144 236 个，高温（Kc-h）的 total raw reads 57 836 830 个。总计产出 8.89G 的数据。去除含有接头和低质量的 reads 后，得到 106 098 696 个 clean reads 片段，其中 Kc-ck 有 51 968 878 条 clean reads，共计 4.36G 个核苷酸，GC 含量为 43.00%，Q20 为 98.27%；Kc-h 有 54 129 818 条 clean reads，共计 4.54G 个核苷酸，GC 含量为 43.69%，Q20 为 97.79%（表 5-7）。以上表明转录组测序质量较好、数据量丰富，可用于后续分析。

表 5-7 花花柴测序数据质量评估

samples	Total Raw Reads	Total Clean Reads	Total Clean Nucleotides (nt)	Q20 (%)	GC (%)
Kc-ck	54 144 236	51 968 878	4 677 199 020	98.27	43.00
Kc-h	57 836 830	54 129 818	4 871 683 620	97.79	43.69

5.3.2 花花柴转录组测序数据 de novo 组装结果统计

利用 Trinity 软件对测序获得的 clean reads 进行组装，Kc-ck 和 Kc-h 各获得了 94 939 个和 95 216 个 Contigs（表 5-8），N50 分别为 1 017 和 1 023。经过拼接后最终获得 68 244 个 Unigene 基因，总长度为 75 766 075 nt，平均长度是 1 110 nt，N50 为 1 756 nt。Unigene 基因序列长度是组装质量的一个重要评估标准，对组装的所有 Unigene 进行长度分布分析如表 5-9 所示。所有 Unigene 的长度均大于 300nt，长度在 300~500nt 的 Unigene 所占比例最大，约为 29.65%；长度大于 1 000 nt 的 Unigene 有 29 790 条，占全部 Unigene 的 43.65%，表明花花柴转录组测序所得数据组装效果较好。

表 5-8 花花柴转录组组装长度统计

	Sample	Total Number	Total Length (nt)	Mean Length (nt)	N50	Total Consensus Sequences	Distinct Clusters
Contig	Kc-ck	94 939	43 074 306	454	1 017		
	Kc-h	95 216	43 233 192	454	1 023		
Unigene	Kc-ck	69 629	63 830 863	917	1 671	69 629	24 694
	Kc-h	68 319	60 704 051	889	1 621	68 319	23 011
	All	68 244	75 766 075	1 110	1 756	68 244	30 420

表5-9 花花柴转录组组装质量统计

序列长度 (nt)	基因	
	数量（个）	百分率（%）
300~500	20 233	29.65
500~1 000	18 221	26.70
1 000~2 000	18 788	27.53
>2 000	11 002	16.12
总计	68 244	100

5.3.3 花花柴 Unigene 的功能注释

为了预测 Unigene 的功能，通过 blastx 将获得的 Unigene 在 NR、NT、Swiss-Prot、KEGG、COG、GO（E 值<1.0×10^{-5}）等数据库进行比对，获得了45 312 个匹配上的 Unigene，占总 Unigene 的 66.40%；其中在 NR 数据库中比对到相似序列有 43 790 条 Unigene，占全部 Unigene 的 64.17%，其次是在 NT 数据库中比对到相似序列有 36 679 条 Unigene，占总 Unigene 的 53.73%（表5-10）。获得的总 Unigene 在 NR 数据库的注释信息中，注释条数（图 5-16）比例最高的物种分别为葡萄（14 091 条，32.18%）、番茄（7 511 条，17.15%）、桃（3 621 条，8.27%）。

表5-10 Unigene 注释信息统计

Sequence File	NR	NT	Swiss-Prot	KEGG	COG	GO	ALL
All-Unigene.fa	43 790	36 679	29 122	27 015	18 518	34 285	45 312
Annotated/ All annotated（%）	96.64	80.95	64.27	59.62	40.87	75.66	100
Annotated/All-Unigene（%）	64.17	53.73	42.67	39.59	27.14	50.24	66.40

5.3.4 花花柴 Unigene 的 GO 功能分类

通过 GO 数据库对花花柴 Unigene 进行生物学功能分类，发现有 34 285 条 Unigene 被注释到 GO 数据库，占所有 Unigene 的 50.24%。进一步分析发现有 13 356 个 Unigene 注释到分子功能的 16 个功能组；有 21 674 个 Unigene 注释到细胞组成的

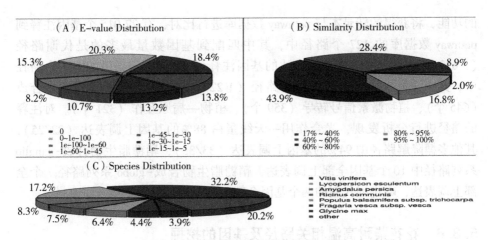

图 5-16　花花柴转录本 NR 数据库分类

17 个功能组；有 24 382 个 Unigene 注释到生物学过程的 22 个功能组。其中，在分子功能中催化活性和结合占有比例最高；在细胞组成中细胞和细胞部分占有比例最高；在生物学过程中细胞过程和代谢过程占有比例最高（图 5-17）。

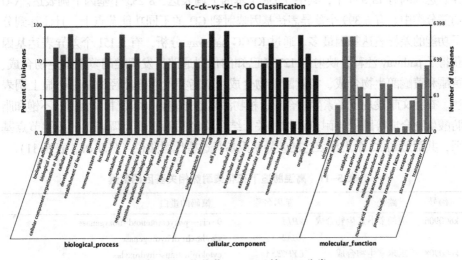

图 5-17　花花柴 Unigene 的 GO 分类

5.3.5　花花柴 Unigene 的代谢通路分析

为了更加系统分析转录组测序所获得的转录本参与的代谢路径和这些基因

的功能，将获得的转录本与 pathway 数据库进行比对，有 27 015 个基因注释到 pathway 数据库的 127 个路径中，其中匹配到基因数量最多的是代谢路径（5 632 个）；有 5 151 个差异表达的基因注释到 pathway 数据库的 127 个路径中，其中注释数量较多的有代谢路径（1 228 个）、次生代谢物的生物合成（645 个）、植物激素信号转导（359 个）、植物—病原互作（321 个）。对注释的路径进行分析发现，光合作用—天线蛋白 88% 的基因上调表达（22/25），其他多糖降解路径中 94% 的基因上调表达（33/35），鞘糖脂生物合成-ganglio 系列路径中 10 个基因全部上调表达，鞘糖脂生物合成-globo 系列路径 7 个全部上调表达，咖啡因代谢的两个基因全部上调表达。

5.3.6 花花柴耐高温相关路径及基因的挖掘

通过对花花柴叶片在常温和 45℃ 高温处理 2h 条件下转录组数据分析，发现有 32 777 个基因差异表达（差异表达倍数>2）。将获得的差异表达基因在 NR、NT、Swiss-Prot、GO、KEGG、COG（E 值 1.0×10^{-5}）等数据库进行比对，注释上的差异表达基因有 13 593 个，其中 5 358 个基因上调表达，8 235 个基因下调表达。GO 功能分类中，有 6 399 个差异表达基因映射到 GO 的不同功能节点上，且注释到分子功能的差异表达基因最多。通过 KEGG pathway 分析，有 5 151 个差异表达基因获得了 pathway 注释，映射到 127 条已知的代谢通路，发现类胡萝卜素生物合成、黄酮和黄酮醇生物合成、类黄酮生物合成、鞘脂类代谢等路径的基因明显上调表达。查阅文献发现玉米素生物合成、植物激素信号转导、谷胱甘肽代谢、不饱和脂肪酸生物合成等路径与耐热密切相关。结合路径图筛选出上调表达的关键节点基因，共筛选到 32 个上调表达的差异基因参与这些代谢路径（$P<0.01$，表 5-11）。

表 5-11 高温胁迫下花花柴耐热相关基因的筛选

编号	路径	基因名称	编码的蛋白
ko00906	类胡萝卜素生物合成	VP14	9-cis-epoxycarotenoid dioxygenase
		ABA2	xanthoxin dehydrogenase
ko00908	玉米素生物合成	CYP735A	cytokinin trans-hydroxylase
ko04075	植物激素信号转导	GH3	auxin responsive GH3 gene family
		PYL	abscisic acid receptor PYR/PYL family
		ETF1	ethylene-responsive transcription factor 1
		JAR1_4_6	jasmonic acid-amino synthetase
		CYCD3	cyclin D3, plant
		RP-1	pathogenesis-related protein 1

（续表）

编号	路径	基因名称	编码的蛋白
ko00944	黄酮和黄酮醇生物合成	*CYP75B1*	flavonoid 3'-monooxygenase
		CYP75A	flavonoid 3', 5'-hydroxylase
ko00941	类黄酮生物合成	*CHS*	chalcone synthase
		F3H	naringenin 3-dioxygenase
		LAR	leucoanthocyanidin reductase
ko00480	谷胱甘肽代谢	*GCLC*	glutamate--cysteine ligase catalytic subunit
		G6PD	glucose-6-phosphate 1-dehydrogenase
		E1. 11. 1. 11	L-ascorbate peroxidase
		RRM1	ribonucleoside-diphosphate reductase subunit M1
ko01040	不饱和脂肪酸生物合成	*SCD*	stearoyl-CoA desaturase（Delta-9 desaturase）
		FAD6	acyl-lipid omega-6 desaturase（Delta-12 desaturase）
ko00604	鞘糖脂生物合成-ganglio 系列	*HEXA_B*	hexosaminidase
		GLB1	beta-galactosidase
ko00603	糖鞘脂质生物合成-globo 系列	*A4GALT*	lactosylceramide 4-alpha-galactosyltransferase
ko00600	鞘脂类代谢	*SPHK*	sphingosine kinase
		ASAH1	acid ceramidase
ko00592	α-亚麻酸代谢	*LOX2S*	lipoxygenase
		HPL	hydroperoxide lyase
		AOS	hydroperoxide dehydratase
		OPR	12-oxophytodienoic acid reductase

5.3.7　高温胁迫下 Ca^{2+} 转运及结合相关基因分析

在已完成的花花柴在常温—高温转录组测序中，可提升细胞内钙离子浓度的各类蛋白中只有瞬时感受器电位通道（TRP）有 9 个基因差异表达，其余钙离子通道蛋白均未检测到差异表达。推测高温胁迫引起的细胞质中钙离子浓度增加主要是通过瞬时感受器电位通道（TRP）完成的。

在常温—高温转录组测序中，发现大量钙离子结合蛋白基因差异表达，其中类钙调蛋白（CML）差异表达基因最多，为 32 个，其次是类钙调素 B 类蛋白（CBL）有 24 个基因差异表达，之后依次为激酶蛋白（CIPK）的 16 个，钙依赖型蛋白激酶（CDPK）的 15 个，钙调蛋白（CAM）的 11 个。表明高温胁迫会引起各类钙离子结合蛋白的差异表达。

　　提取出所有差异表达的钙离子结合蛋白，并根据其差异表达倍数、表达量做出热图（图5-18），由图可以看出钙离子结合蛋白类差异表达的基因共有74个，其中24个上调表达，50个下调表达，其中，A8CEP3、Q9LEU7等差异表达倍数最高。

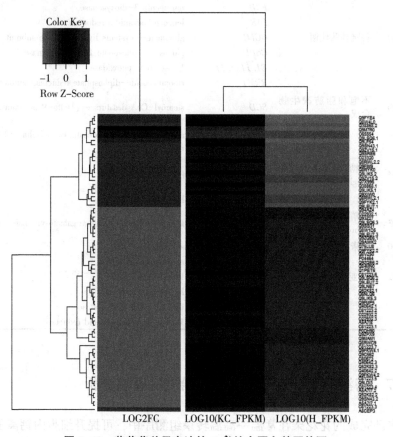

图 5-18　花花柴差异表达的 Ca²⁺结合蛋白基因热图

［注：LOG2FC 表示以 2 为底差异表达倍数的对数，LOG10（KC_FPKM）表示以 10 为底花花柴对照表达量的对数，LOG10（H_FPKM）表示以 10 为底花花柴高温胁迫下对照表达量的对数］

5.3.8　花花柴耐高温相关基因的蛋白质互作分析

　　在 Swiss-Port 蛋白质数据注释的差异表达基因中，上调表达 8 倍以上的基因有 730 个，进行蛋白质互作分析发现，匹配到蛋白互作网络的有 398 个，相互之间有蛋白质互作的有 110 个（彩图 5-19），根据 String 在线工具的 MCL进行分类发现有 42 个基因紧密互作聚成了一个大类（红色节点）。将 42 个基因进行 GO 富集分析发现，在细胞组件中富集最多的依次是细胞部分（cell part）、细胞内的（intracellular）、细胞内细胞器（intracellular organelle）；在生物学途径中富集最多的依次为细胞途径（cellular process）、代谢途径（metabolic process）、有机物代谢途径（organic substance metabolic process）；分子功能中富集最多的是结合物（binding），其后依次为催化活性（catalytic activity）、有机环状化合物结合（organic cyclic compound binding）、杂环化合物结合（intracellular organelle）。进行 KEGG pathway 富集分析发现，只有三个KEGG pathway 路径有基因富集，分别是核糖体（Ribosome）路径富集了 35 个上调 8 倍表达的基因，内质网蛋白质加工（Protein processing in endoplasmic reticulum）路径富集了 14 个，角质、软木脂和蜡的生物合成（Cutin, suberine and wax biosynthesis）路径富集了 4 个，表明 pathway 的这三个路径及富集的53 个上调 8 倍表达的基因与花花柴能耐高温密切相关。

5.3.9　花花柴转录组数据实时荧光定量检验

以花花柴 18S 为内参基因，挑选 KEGG pathway 富集的三个路径中的7580、2030、5860、4932 四个上调表达基因对转录组进行 qRT-PCR 验证，结果如图 5-20 所示，4 个基因 qRT-PCR 分析得到的相对表达量与转录组测序分

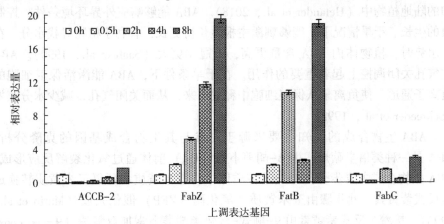

图 5-20　热胁迫下花花柴上调表达基因的 qRT-PCR 验证

析趋势一致，但表达倍数的大小存在一定的差异，表明转录组测序基本可靠。

5.4　讨　论

5.4.1　花花柴干旱胁迫下转录组分析

　　根据表达谱分析和基因序列比对的结果，选择了13个差异表达的、可能与花花柴耐旱相关的基因进行了 qRT-PCR 验证，其中9个基因的表达模式与表达谱结果基本一致，表明表达谱测序的结果是真实可靠的。通过对9个差异表达基因生物信息学的分析和功能预测，可以将这些基因分为 NAC 和 NCED 转录因子、水通道蛋白、热激蛋白、晚期胚胎发生丰富蛋白、细胞代谢调控基因以及转运蛋白等几类，初步认为这些基因均与干旱胁迫响应相关。

　　脱落酸（ABA）在植物发育及响应逆境胁迫中均起着重要的作用。ABA已被证明能够显著影响叶片衰老，在水稻叶片上喷洒 ABA，能够促进水稻叶片的衰老（Ray et al., 1983）。在植物的生命周期中，种子的休眠与萌发是一个关键的时期，而 ABA 和 GAs 是这个阶段两个重要的植物激素。ABA 不仅在种子进入及保持休眠状态中起着重要的作用，它还抑制从胚胎到萌发生长的转变。在植物各类激素中，它是非生物胁迫抗性的中心调节剂，协调一系列功能（Finkelstein, 2013）。ABA 通过负调控信号途径起作用，该途径存在于所有已知的陆地植物中（Helander et al., 2018）。ABA 能够响应外界环境条件，控制根的生长。干旱情况下，能够刺激主根生长得更长，有利于植物寻找水分。在低水势时，植物体内 ABA 含量更高，根冠比更大（Saab et al., 1990）。ABA在气孔关闭调控上起着重要的作用。在干旱条件下，ABA 能激活保卫细胞的负离子通道，使负离子从保卫细胞中释放出来，从而关闭气孔，减少水分蒸发（Schroeder et al., 1992）。

　　ABA 生物合成的认知主要来源于对参与其生物合成基因的克隆分析。ABA 是一种类倍半萜烯，由 β-胡萝卜素（C_{40}）前体通过氧化裂解反应形成。ABA 生物合成主要步骤：首先是在质体中将玉米黄质和环氧玉米黄质转换成全反式紫黄素，此步骤由玉米黄质环氧化酶（ZEP）催化完成（Marin et al., 1996）。接着全反式紫黄素由 9-顺式-环氧类胡萝卜素加双氧酶（9-cis-epoxy carotenoid dioxygenase；NCED）催化转化为 9-顺式-紫黄素（9-cisviolaxanthin）或9-顺式-新黄素（9-cis-neoxanthin），进而产生 C_{15} 中间体黄氧素。黄氧素被从质体运输到胞液中，由 ABA2 及 ABA3 经过两步反应，最终转化为 ABA。NCED 在 ABA 合成过程中，起着关键酶的作用（Tan et al.，1997）。NCED3 在响应干旱胁迫下促进 ABA 合成调节中起主要作用。拟南芥的 5 个 NCED 基因中，NCED3 在水分亏缺时 ABA 生物合成中起着关键性的作用，NCED3 突变体的营养组织表现出失水量增加和 ABA 水平降低（Iuchi et al.，2001）。本研究中，花花柴 KcNCED3 基因在干旱胁迫下显著上升，表明花花柴也通过干旱诱导的 ABA 途径提高耐旱性。

NAC 家族成员通常包含一个保守的 NAC 结构域，其 N 端区域具有 DNA 结合和核定位信号序列（Aida et al.，1997）。NAC 蛋白的 C 端区域是高度可变的，并已被证明在转录激活的方面发挥功能（Ooka et al.，2004）。在拟南芥和水稻基因组中，已有 200 多个 NAC 家族成员被预测和分类。NAC TFs 在植物发育方面扮演着重要的角色，如器官、次生壁与侧根的形成（Mitsuda et al.，2005；Xie et al.，2000）。此外，一些 NAC 家族的基因还参与了生物或非生物胁迫的耐逆性，如水稻 SNAC1（Zheng et al.，2009）、花生 AhNAC3（Liu et al.，2013）。番茄中过表达 AtNAC3 相关基因 SlNAC3，可以提高番茄的抗旱及耐盐性（Al-Abdallat et al.，2015）。花花柴 KcNAC3 与拟南芥 AtNAC3 的蛋白结构相似度高，说明 KcNAC3 上调能够提高花花柴的抗旱性。

在植物中，水通道蛋白（aquaporin，AQP）也被称为主要内在蛋白（major intrinsic proteins，MIPs），是一个大的蛋白家族，在拟南芥中有 35 个（Johanson et al.，2001），玉米和水稻中有 33 个（Johanson et al.，2001；Sakurai et al.，2005）。通过序列比较，可将高等植物的 MIPs 分为 5 个亚家族：质膜内在蛋白（PIPs）、液泡膜内在蛋白（TIPs）、NOD26 类内在蛋白（NIPs）、小分子碱性内在蛋白（SIPs）以及未鉴定的膜内在蛋白（XIPs）（Danielson et al.，2008）。根据序列相似性，PIP 亚家族可以进一步分为 PIP1 和 PIP2 两个类群。据报道，有几种 PIP2 亚型（AtPIP2；1，AtPIP2；2，AtPIP2；3，AtPIP2；7）在爪蟾卵母细胞中表达时起着水通道的作用（Weig et al.，1997）。水通道蛋白（AQPs）已被证实能影响植物水分稳态。通过反义 RNA 技术来降低一些特定的 PIPs 亚型的表达量，能够促进植物根系生长，增加了植物对干旱和水势胁迫的敏感性。相应的，提高一些特定的 PIPs 会提高植物的耐旱性，如 PIP1；5 和 PIP2；3 能够提高高粱的耐旱性（Hasan et al.，2017）。因 PIP2 结构及功能类似，因此花花柴在干旱胁迫下 KcPIP2；3 基因的表达上调，有利于提高其耐旱性。

随着水分或渗透胁迫强度的增加，叶片水势的下降是光合 CO_2 同化减少的原因（Lee et al., 2008）。干旱的早期响应为叶片气孔的关闭，从而导致光合活性的下降和叶绿素 II 的降解（Lee et al., 2016）。光合速率和碳代谢产物的改变已被证实参与了逆境耐受性及叶片衰老的代谢调节（Loutfy et al., 2012），以应对各种环境限制。在水势胁迫条件下，虽然光合作用减少了，然而可溶性糖含量总体上却增加或至少保持不变（Poór et al., 2011）。植物激素水杨酸（salicylic acid, SA）是一种重要的信号分子，参与植物逆境响应的调控。在 SA 的作用下，随着蔗糖磷酸合酶（SPS）活性和淀粉降解相关基因 *β-amylase* 1（*BAM*1）和 *α-amylase* 3（*AMY*3）的表达进一步增强，蔗糖积累增加，ABA 依赖的蔗糖信号基因 *SnRK*2.2 和 *AREB*2 的表达也随之降低。因此，干旱引起的糖积累部分归因于淀粉降解（Lee et al., 2019）。蔗糖是一种主要的光合化合物，通过韧皮部被分配到库组织中，作为碳动员的基质，使植物减轻干旱胁迫的影响（Lemoine et al., 2013）。在拟南芥中，糖转运子亚家族（SUTs，包括 SUT1、SUT2 和 SUT4 型）活跃于叶片、根、韧皮部和木质部（Durand et al., 2018）。SA 或者干旱增加了蔗糖进入木质部和韧皮部的量。花花柴 *KcBAM*1 基因的上调，有利于体内蔗糖的积累，从而提高耐旱性。

综合表达谱分析和前人研究的结果，我们筛选出的耐旱相关基因为下一步克隆耐旱相关基因奠定了良好基础。

5.4.2 花花柴常温—高温比较转录组分析

高温胁迫是自然界中最常见的非生物胁迫之一。高温胁迫会对植物体造成伤害，最直观的表现是在外部形态上。在高温胁迫下，植物通常表现为蒸腾速率下降，吸水量降低，水分蒸发快，因而导致植物发生萎蔫（张志忠等，2004）。Wang 等（1995）对黄瓜幼苗的研究表明，高温胁迫下植株易出现早衰，对病虫害的抵抗能力下降。当植物在幼苗期受到高温胁迫时，会使幼苗长势变弱，或幼苗徒长，或植物体生长异常（Veiseth et al., 2011）；Starck 等（1995）对番茄的研究发现，高温胁迫使植株出现长势减缓，幼苗徒长，花期缩短，落花、落果，果实木栓化严重或形成畸形果，这可能是高温胁迫使果实中 Ca^{2+} 积累过多造成的。

有研究发现，植物能够通过对转录组、蛋白质组和代谢组的重新编程，甚至通过激活细胞死亡机制导致细胞死亡甚至整个器官死亡来适应大幅度的温度变化（Qi et al., 2010）。植物承受或适应高温的能力归因于热敏元件的修复和防止进一步的热损伤以维持代谢稳态。Kaya 等（2001）研究发现，耐热性最重要特征是生产大量 HSPs，但是，由于耐热性是多基因共同决定的，因此耐热性的发展和维持也涉及许多生化和代谢特征：抗氧化活性，膜脂不饱和，基因表达和翻译，蛋白质稳定性以及相溶性溶质的积累。Challinor 等（2007）研究发现，植物对高温的反应显然取决于基因型，某些植物的基因型更具有高温耐受性。

转录组测序（RNA-Seq）是研究组织或细胞在特定条件下所有 mRNA 转录本信息的主要技术（张贤等，2015）。近年来，高通量转录组测序分析在发掘与新基因克隆、基因功能研究方面起到了重要作用，是近几年最重要方法之一（曾旭等，2018）。随着科技的发展，利用转录组测序技术研究植物抗逆的分子机制已成为当今分子生物学研究的一个重要趋势。以 Illumina/Solexa、ABI/SOLID 和 Roche/454 为代表的二代测序技术（NGS）发展迅速，与传统测序技术相比，具有测序时间短、高通量、成本低等优点，现在已被广泛应用于 RNA-Seq、miRNA 和全基因组测序等研究。在植物耐高温研究中，卢俊成（2018）在黄瓜中发现热激转录因子和热激蛋白基因大量上调表达。目前，利用 RNA-Seq 技术鉴定高温胁迫下植物转录水平的差异，探索其耐高温机制，在水稻、大白菜和小麦等植物上已有报道（Jung et al.，2012；Qin et al.，2008；Wang et al.，1995）。因此，RNA-Seq 技术可加快植物抗逆基因资源的挖掘和抗逆机制的研究，从而为农作物、生态防护植被、优良林草植物抗逆性遗传改良以及新品种的培育奠定基础。

在本研究中，通过对花花柴进行常温—高温转录组测序，分析获得 5 358 个上调表达基因和 8 235 个下调表达基因，表明这些与高温胁迫相关的基因是由高温诱导的。将所有差异表达基因与 pathway 数据库进行比对，发现有 5 151 个差异表达的基因注释到 pathway 数据库的 127 个路径中，其中注释数量较多的有代谢路径（1 228 个）、次生代谢物的生物合成（645 个）、植物激素信号转导（359 个）、植物—病原互作（321 个）。对注释的路径进行分析发现，光合作用—天线蛋白路径 88% 的基因上调表达（22/25），其他多糖降解路径 94% 的基因上调表达（33/35），鞘糖脂生物合成-ganglio 系列路径 10 个基因全部上调表达，鞘糖脂生物合成-globo 系列路径 7 个基因全部上调表达。

陈凤丽等（2013）对高温胁迫下花花柴（*Karelinia caspia*）PSⅡ光合活性动态变化进行了研究，发现当外界温度高于花花柴正常生长阈值（42℃）时 PSⅡ的功能和结构均受到伤害，当外界温度高于 52℃时 PSⅡ反应中心将发生不可逆失活。N50 是一个评价转录组数据拼接质量的关键指标，N50 越大表明拼接质量越好。徐伟君等（2019）对大叶女贞转录组测序的 N50 为 1 309bp，而本次转录组测序拼接的 N50 为 1 756bp，表明转录组测序拼接质量较好，可信度高。比较转录组分析是发掘抗逆相路径和相关功能基因的主要方法之一。本研究发现花花柴可通过结合物（binding），催化活性（catalytic activity），核糖体（Ribosome），角质、软木脂和蜡的生物合成（Cutin，suberine and wax biosynthesis）等路径调节或对抗高温胁迫的影响。

有研究表明高温胁迫除了诱导 HSP 外，其他途径也参与了植物的获得性耐热（Kotak et al.，2007）。一些植物生长调节剂，如 ABA、SA、ET、CK 和 AUX 被认为在植物的耐热性中起着重要的作用。Maestri 等（2002）发现在田间条件下，ABA 诱导是耐热性的重要组成部分，它是植物在高温和干旱胁迫下存活的重要因素。Clarke 等（2004）发现用适当 SA 预处理可增加 SA 缺陷拟南芥突变体的耐热性，此外，无法积累 SA 的转基因植物耐热性降低了40%。Hsu 等（2010）发现 CKs 具有降低植物氧化应激的潜力，因此在热胁迫期间维持籽粒中高水平的 CKs 可以提高植物的耐热性。Jaggard 等（2010）对大麦和拟南芥的研究中发现，热胁迫抑制花药 AUX 信号传导，导致花粉发育中断，施用外源性 AUX 可以完全恢复高温胁迫下的花粉发育，推测 AUX 可以促进热胁迫下的结实率。Bajguz 等（2009）研究发现，在番茄和拟南芥中，油菜素内酯通过诱导 HSPs 的生物合成来提供对高温胁迫的耐受性。Kagale 等（2007）研究发现，用油菜素内酯处理油菜籽，发现油菜素内酯处理可调节植物翻译机制，从而使 HSP 蛋白快速合成。

在 KEGG pathway 富集分析中，发现一些次生代谢产物大量合成，其中包括玉米素、类胡萝卜素、黄酮类、油菜素类固醇、苯丙素、谷胱甘肽、双萜类、鞘糖脂、不饱和脂肪酸、α-亚麻等。类胡萝卜素大量合成于植物的光合、非光合组织中，具有传递和吸收光能的作用（霍培等，2011）。在类胡萝卜素生物合成路径中，黄氧素（光致氧化作用产物，在某些植物组织里起抑制生长的作用）和脱落醛大量上调表达，表明类胡萝卜生物合成可能与花花柴耐高温相关。玉米素是一种植物体内天然存在的细胞分裂素，能促进植物细胞分裂，阻止叶绿素和蛋白质降解，减慢呼吸作用，保持细胞活力，延缓植株衰老的功能（李林洁等，2017）。在 pathway 的玉米素生物合成路径中有 85 个差异表达的基因，其中部分基因大量上调表达，极有可能与花花柴的耐高温密切相关。植物激素信号转导在生物的抗逆过程中具有重要的作用（王伟东，2016）。在本次研究中，有大量的差异表达基因注释到植物激素信号转导路径中，因此花花柴耐高温特性可能与植物激素信号转导密切相关，其生物学意义值得深入研究。此外，黄酮和类黄酮物质具有自由基清除能力和抗氧化能力，黄酮醇具有保护植物抵抗环境的各种刺激能力（赵贝贝等，2018）。在花花柴中有大量差异表达基因注释到黄酮和黄酮醇生物合成路径，这些基因可能与花花柴响应高温胁迫有关。谷胱甘肽在生物的抗逆过程中具有重要作用，生物对环境胁迫的耐受性通常与谷胱甘肽在生物内的水平有关（段喜华等，2010）。在谷胱甘肽代谢路径中有 52 个差异表达的基因被注释，表明其与花花柴叶片耐高温相关。脂肪酸的不饱和度有利于维持生物膜稳定性（王柏和李志坚，2014），花花柴中有 30 个差异表达的基因注释到不饱和脂肪酸生物合成路径，表明不饱和脂肪酸生物合成路径的差异表达基因可能与花花柴耐高温相关。在逆境胁迫下，植物通过释放 α-亚麻酸重塑细胞膜的流动性来缓解逆境对植物的影响（李东等，2018）。本试验中，花花柴 α-亚麻酸代谢路径中大部分基因上调表达，其极可能与植物的耐热相关。

在已完成的常温—高温转录组测序中发现，大量 Ca^{2+} 相关基因上调表达。钙离子是所有植物生命活动必需的大量元素之一，也是植物的第二信使（王文静等，2009）。无论植物还是动物，从受精卵到衰老死亡的所有生命活动中，都有 Ca^{2+} 的参与调控。众所周知，植物细胞内的场所是高度区域化的。Staxén 等研究发现，线粒体、内质网、叶绿体和液泡是植物细胞内的钙库，这些钙库都和细胞质之间的 Ca^{2+} 的浓度存在着差异，在未受到外界刺激的正常情况下，钙库与植物细胞质之间的 Ca^{2+} 的浓度梯度分布呈静息状态，但是当受到外界因素刺激时，Ca^{2+} 浓度立即发生改变，从而引起一系列的生理生化反应，这种浓度梯度的变化也是 Ca^{2+} 作为第二信使传递信号的基础（Staxen et al.，1996）。

生命活动离不开 Ca^{2+} 的调节，Ca^{2+} 是细胞壁的重要组成成分，也是胞内生理生化反应和偶联胞外信号的第二信使，在植物的生长发育以及抗逆性获得等方面起着重要作用（Whalley et al.，2013）。植物细胞中 Ca^{2+} 的空间分布不均匀和跨膜转移是钙信号产生的基础（Kim，2013）。植物细胞质中 Ca^{2+} 的来源可分为两大类，即胞外 Ca^{2+} 库和胞内 Ca^{2+} 库，胞内 Ca^{2+} 库主要包括线粒体、内质网和液泡等细胞器，胞外 Ca^{2+} 库就是细胞壁 Ca^{2+} 库（Hashimoto et al.，2011）。Ca^{2+} 通过膜之间的 Ca^{2+} 通道进行转运，在没有受到外界刺激的情况下，细胞质中呈游离状态的 Ca^{2+} 浓度是 35~100nmol/L，约为植物细胞内钙库和细胞外钙库的 0.01%~1%，细胞质内相对来讲带有较多的负电荷，所以各个细胞器和细胞质膜存在朝向细胞质的一个电荷的差异和 Ca^{2+} 浓度梯度

（Lecourieux et al.，2006）。当植物受到外界刺激，在植物细胞质与各钙库之间 Ca^{2+} 浓度梯度差异的驱动下，通过 Ca^{2+} 通道转运到细胞质内，使得植物细胞质中 Ca^{2+} 浓度增加，从而引起一系列的生理生化反应以响应相应外界刺激。

通过对常温—高温转录组原始数据进行质量评估和实时荧光定量 PCR 检验，表明本次测序数据质量较好；通过常温—高温比较转录组分析，获得 32 777 个（差异表达倍数>2）花花柴中对高温响应的差异表达基因，将获得的差异表达基因在 NR、NT、Swiss-Prot、KEGG、COG、GO（E 值<1.0× 10^{-5}）等数据库进行比对，共获得 13 593 个差异表达基因的注释信息，其中 5 358 个基因上调表达，8 235 个基因下调表达。通过对这些差异表达基因进行分析，发现类胡萝卜素生物合成，玉米素生物合成，植物激素信号转导，黄酮和黄酮醇生物合成，类黄酮生物合成，鞘脂类代谢，α-亚麻酸代谢，鞘糖脂生物合成-ganglio 系列，鞘糖脂生物合成-globo 系列，谷胱甘肽代谢，不饱和脂肪酸生物合成，核糖体、内质网蛋白质加工路径，角质、软木脂和蜡的生物合成路径等代谢路径的上调表达基因与花花柴耐高温能力关系密切。这些路径及相关基因为今后探究花花柴耐高温机制提供参考依据。

参考文献

陈凤丽，靳正忠，李生宇，等，2013. 高温对花花柴（*Karelinia caspica*）光系统 II 的影响 [J]. 中国沙漠，33（5）：1371-1376.

杜驰，廖茂森，张霞，等，2014. 盐胁迫下花花柴 miR398 对 Cu/Zn 超氧化物歧化酶基因的调控研究 [J]. 西北植物学报，34（4）：682-688.

段喜华，唐中华，郭晓瑞，2010. 植物谷胱甘肽的生物合成及其生物学功能 [J]. 植物研究，30（1）：98-105.

霍培，季静，王罡，等，2011. 植物类胡萝卜素生物合成及功能 [J]. 中国生物工程杂志，31（11）：107-113.

李彬，康少锋，张莉，等，2011. 花花柴耐盐相关基因 NHX 的克隆与分析 [J]. 乌鲁木齐：塔里木大学学报，23（4）：31-39.

廖茂森，2013. 盐胁迫下花花柴 miRNAs 与靶基因相互作用研究 [D]. 乌鲁木齐：新疆大学.

刘陈，李辉亮，郭冬，等，2012. 花花柴 *KcPIP2；1* 基因的克隆及表达分析 [J]. 热带作物学报，33（1）：89-93.

石新建，2015. 荒漠植物花花柴对逆境胁迫的生理生化响应 [D]. 阿拉尔：塔里木大学.

王伟东，2016. 高温和干旱胁迫下茶树转录组分析及 *Histone H1* 基因的功
能鉴定［D］. 南京：南京农业大学.

王文静，高志英，2009. 信号分子 Ca^{2+} 在植物逆境应答中的作用［J］. 商
丘职业技术学院学报，8（2）：108-110.

徐伟君，张九东，郑博文，等，2019. 基于高通量测序的大叶女贞（*Ligu-
strum lucidum*）转录组分析［J］. 分子植物育种，17（19）：6295-
6299.

张霞，2007. 盐生植物 *NHX* 基因的克隆及花花柴 RNAi 载体构建与转化的
研究［D］. 乌鲁木齐：新疆大学.

张贤，王建红，喻曼，等，2015. 基于 RNA-seq 的能源植物芒转录组分
析［J］. 生物工程学报，31（10）：1437-1448.

张志忠，吴菁华，黄碧琦，等，2004. 茄子耐热性苗期筛选指标的研究
［J］. 中国蔬菜（2）：9-12.

赵贝贝，叶蕴灵，王莉，等，2018. 银杏类黄酮响应非生物胁迫研究进展
［J］. 扬州大学学报（农业与生命科学版），39（3）：106-112.

曾旭，杨建文，凌鸿，等，2018. 石斛小菇促进天麻种子萌发的转录组研
究［J］. 菌物学报，37（1）：52-63.

AIDA M, ISHIDA T, FUKAKI H, et al., 1997. Genes involved in organ sep-
aration in *Arabidopsis*: an analysis of the cup-shaped cotyledon mutant［J］.
The Plant Cell, 9（6）：841-857.

AL-ABDALLAT A M, ALI-SHEIKH-OMAR M A, ALNEMER L M,
2015. Overexpression of two ATNAC3-related genes improves drought and
salt tolerance in tomato（*Solanum lycopersicum* L.）［J］. Plant Cell, Tissue
and Organ Culture（PCTOC）, 120（3）：989-1001.

BAJGUZ A, HAYAT S, 2009. Effects of brassinosteroids on the plant respon-
ses to environmental stresses［J］. Plant Physiology and Biochemistry, 47
（1）：1-8.

CHALLINOR A J, WHEELER T R, CRAUFURD P Q, et al., 2007. Adap-
tation of crops to climate change through genotypic responses to mean and ex-
treme temperatures［J］. Agriculture, Ecosystems & Environment, 119
（1-2）：190-204.

CLARKE S M, MUR L A, WOOD J E, et al., 2004. Salicylic acid dependent

signaling promotes basal thermotolerance but is not essential for acquired ther-
motolerance in *Arabidopsis thaliana* [J]. The Plant Journal, 38 (3):
432-447.

DANIELSON J Å, JOHANSON U, 2008. Unexpected complexity of the aqua-
porin gene family in the moss *Physcomitrella* patens [J]. BMC Plant Biolo-
gy, 8 (1): 1-15.

DENOEUD F, AURY J M, DA S C, et al., 2008. Annotating genomes with
massive-scale RNA sequencing [J]. Genome Biology, 9 (12): R175.

DURAND M, MAINSON D, PORCHERON B, et al., 2018. Carbon source-
sink relationship in *Arabidopsis thaliana*: the role of sucrose transporters
[J]. Planta, 247 (3): 587-611.

FINKELSTEIN R, 2013. Abscisic *acid synthesis and response* [J]. The Arabi-
dopsis Book, 11: e166.

HASAN S A, RABEI S H, NADA R M, et al., 2017. Water use efficiency in
the drought-stressed sorghum and maize in relation to expression of aquaporin
genes [J]. Biologia plantarum, 61 (1): 127-137.

HASHIMOTO K, KUDLA J, 2011. Calcium decoding mechanisms in plants
[J]. Biochimie, 93 (12): 2054-2059.

HELANDER J D, CUTLER S R, 2018. Abscisic Acid Signaling and Biosyn-
thesis: Protein Structures and Molecular Probes [J]. Springer, 113-146.

HSU S, LAI H, JINN T, 2010. Cytosol-localized heat shock factor-binding
protein, AtHSBP, functions as a negative regulator of heat shock response
by translocation to the nucleus and is required for seed development in *Arabi-
dopsis* [J]. Plant physiology, 153 (2): 773-784.

IUCHI S, KOBAYASHI M, TAJI T, et al., 2001. Regulation of drought toler-
ance by gene manipulation of 9-cis-epoxycarotenoid dioxygenase, a key en-
zyme in abscisic acid biosynthesis in *Arabidopsis* [J]. The Plant Journal, 27
(4): 325-333.

JAGGARD K W, QI A, OBER E S, 2010. Possible changes to arable crop
yields by 2050 [J]. Philosophical Transactions of the Royal Society B: Bio-
logical Sciences, 365 (1554): 2835-2851.

JOHANSON U, KARLSSON M, JOHANSSON I, et al., 2001. The complete
set of genes encoding major intrinsic proteins in *Arabidopsis* provides a frame-

work for a new nomenclature for major intrinsic proteins in plants [J]. Plant Physiology, 126 (4): 1358-1369.

JUNG K, AN G, 2012. Application of MapMan and RiceNet drives systematic analyses of the early heat stress transcriptome in rice seedlings [J]. Journal of Plant Biology, 55 (6): 436-449.

KAGALE S, DIVI U K, KROCHKO J E, et al., 2007. Brassinosteroid confers tolerance in *Arabidopsis thaliana* and *Brassica napus* to a range of abiotic stresses [J]. Planta, 225 (2): 353-364.

KAYA H, SHIBAHARA K, TAOKA K, et al., 2001. FASCIATA genes for chromatin assembly factor-1 in *Arabidopsis* maintain the cellular organization of apical meristems [J]. Cell, 104 (1): 131-142.

KIM K, 2013. Stress responses mediated by the CBL calcium sensors in plants [J]. Plant Biotechnology Reports, 7 (1): 1-8.

KOTAK S, LARKINDALE J, LEE U, et al., 2007. Complexity of the heat stress response in plants [J]. Current Opinion in Plant Biology, 10 (3): 310-316.

LECOURIEUX D, RANJEVA R, PUGIN A, 2006. Calcium in plant defence-signalling pathways [J]. The New Phytologist, 171 (2): 249-269.

LEE B R, JIN Y L, JUNG W J, et al., 2008. Water-deficit accumulates sugars by starch degradation - not by de novo synthesis - in white clover leaves (Trifolium repens) [J]. Physiologia Plantarum, 134 (3): 403-411.

LEE B, ISLAM M T, PARK S, et al., 2019. Antagonistic shifting from abscisic acid - to salicylic acid - mediated sucrose accumulation contributes to drought tolerance in *Brassicanapus* [J]. Environmental and Experimental Botany, 162: 38-47.

LEE B, ZAMAN R, AVICE J, et al., 2016. Sulfur use efficiency is a significant determinant of drought stress tolerance in relation to photosynthetic activity in *Brassicanapus* cultivars [J]. Frontiers in Plant Science, 7: 459.

LEMOINE R, CAMERA S L, ATANASSOVA R, et al., 2013. Source - to - sink transport of sugar and regulation by environmental factors [J]. Frontiers in Plant Science, 4: 272.

LIU X, LIU S, WU J, et al., 2013. Overexpression of Arachis hypogaea NAC3 in tobacco enhances dehydration and drought tolerance by increasing superoxide scavenging [J]. Plant Physiology and Biochemistry, 70: 354 - 359.

LOUTFY N, EL-TAYEB M A, HASSANEN A M, et al., 2012. Changes in the water status and osmotic solute contents in response to drought and salicylic acid treatments in four different cultivars of wheat (*Triticum aestivum*) [J]. Journal of Plant Research, 125 (1): 173-184.

MAESTRI E, KLUEVA N, PERROTTA C, et al., 2002. Molecular genetics of heat tolerance and heat shock proteins in cereals [J]. Plant Molecular Biology, 48 (5): 667-681.

MARDIS E R, 2008. Next-generation DNA sequencing methods [J]. Annu Rev Genomics Hum Genet, 9: 387-402.

MARIN E, NUSSAUME L, QUESADA A, et al., 1996. Molecular identification of zeaxanthin epoxidase of *Nicotiana plumbaginifolia*, a gene involved in abscisic acid biosynthesis and corresponding to the ABA locus of *Arabidopsis thaliana* [J]. The EMBO Journal, 15 (10): 2331-2342.

MITSUDA N, SEKI M, SHINOZAKI K, et al., 2005. The NAC transcription factors NST1 and NST2 of Arabidopsis regulate secondary wall thickenings and are required for anther dehiscence [J]. The Plant Cell, 17 (11): 2993-3006.

OOKA H, SATOH K, DOI K, et al., 2004. Comprehensive Analysis of NAC Family Genes in *Oryza sativa* and *Arabidopsis thaliana* [J]. DNA Research, 10 (6): 239-247.

POÓR P, GÉMES K, HORVÁTH F, et al., 2011. Salicylic acid treatment via the rooting medium interferes with stomatal response, CO_2 fixation rate and carbohydrate metabolism in tomato, and decreases harmful effects of subsequent salt stress [J]. Plant Biology, 13 (1): 105-114.

QI Y C, LIU W Q, QIU L Y, et al., 2010. Overexpression of glutathione Stransferase gene increases salt tolerance of arabidopsis [J]. Russian Journal of Plant Physiology, 57 (2): 233-240.

QIN D, WU H, PENG H, et al., 2008. Heat stress-responsive transcriptome analysis in heat susceptible and tolerant wheat (*Triticum aestivum* L.) by using Wheat Genome Array [J]. Bmc Genomics, 9 (1): 432.

RAY S, MONDAL W A, CHOUDHURI M A, 1983. Regulation of leaf senes-

cence, grain–filling and yield of rice by kinetin and abscisic acid [J].
Physiologia Plantarum, 59 (3): 343–346.

RONAGHI M, 2001. Pyrosequencing sheds light on DNA sequencing [J]. Genome Research, 11 (1): 3–11.

SAAB I N, SHARP R E, PRITCHARD J, et al., 1990. Increased endogenous abscisic Acid maintains primary root growth and inhibits shoot growth of maize seedlings at low water potentials [J]. Plant Physiology, 93 (4): 1329–1336.

SAKURAI J, ISHIKAWA F, YAMAGUCHI T, et al., 2005. Identification of 33 rice aquaporin genes and analysis of their expression and function [J]. Plant and Cell Physiology, 46 (9): 1568–1577.

SCHROEDER J I, KELLER B U, 1992. Two types of anion channel currents in guard cells with distinct voltage regulation [J]. Proceedings of the National Academy of Sciences of the United States of America, 89 (11): 5025–5029.

STARCK Z, SIWIEC A, CHOTUJ D, 1995. Distribution of calcium in tomato plants in response to heat stress and plant growth regulators [J]. Springer Netherlands, 167 (1): 143–148.

STAXEN I, MONTGOMERY L T, MCAINSH M R, 1996. Do oscillations in cytoplasmic free calcium encode the ABA signal in stomatal guard cells [J]. Plant Physiology, 111 (Supple): 151.

TAN B C, SCHWARTZ S H, ZEEVAART J A, et al., 1997. Genetic control of abscisic acid biosynthesis in maize [J]. Proceedings of the National Academy of Sciences of the United States of America, 94 (22): 12235–12240.

WANG R, BIALES A, BENCIC D, et al., 2008. DNA microarray application in ecotoxicology: experimental design, microarray scanning, and factors affecting transcriptional profiles in a small fish species [J]. Environ Toxicol Chem, 27 (3): 652–663.

WANG Y H, TACHIBANA S, 1995. Growth and mineral nutrition of cucumber seedlings as affected by elevated air and root–zone temperatures [J]. Engei Gakkai Zasshi, 64 (4): 845.

WEIG A, DESWARTE C, CHRISPEELS M J, 1997. The major intrinsic protein family of Arabidopsis has 23 members that form three distinct groups with functional aquaporins in each group [J]. Plant Physiology, 114 (4): 1347–1357.

WHALLEY H J, KNIGHT M R, 2013. Calcium signatures are decoded by plants to give specific gene responses [J]. The New Phytologist, 197 (3): 690–693.

XIE Q, FRUGIS G, COLGAN D, et al., 2000. *Arabidopsis* NAC1 transduces auxin signal downstream of TIR1 to promote lateral root development [J]. Genes & Development, 14 (23): 3024–3036.

ZHANG X, LIAO M, CHANG D, et al., 2014. Comparative transcriptome a-nalysis of the Asteraceae halophyte *Karelinia caspica* under salt stress [J]. BMC Research Notes, 7 (1): 927.

ZHENG X, CHEN B, LU G, et al., 2009. Overexpression of a NAC tran-scription factor enhances rice drought and salt tolerance [J]. Biochemical and Biophysical Research Communications, 379 (4): 985–989.

6 花花柴抗逆基因功能挖掘

塔里木盆地因其特殊的自然环境孕育了特殊的生物资源，花花柴作为本地区广泛分布的植物之一，在环境适应过程中进化形成了耐旱、耐盐碱、耐高温等广谱抗逆性特性，同时该植物也拥有大量的抗逆相关基因。荒漠植物种质资源的发掘与利用在荒漠化治理、生态恢复及盐碱地改良等方面具有重要意义，同时，与环境协同进化形成的大量优良的抗逆基因在植物逆境生物学的研究及经济作物等的分子育种中也具有重要的研究和应用价值。本研究重点克隆并分析了 Na^+ 转运相关基因、Ca^{2+} 转运相关基因、表皮蜡质合成相关基因、激素合成相关基因，为经济作物如棉花等的分子育种提供了优良的基因资源和研究基础。

Na^+/H^+ 逆向转运蛋白是定位于植物液泡膜的离子转运体，在转运 Na^+ 到液泡膜一侧的同时将另一侧的 H^+ 转入细胞质，Na^+ 的区隔化主要是指在盐生植物中 Na^+ 在液泡膜 H^+–ATPase、H^+–PPase 形成的电化学势驱动下通过液泡膜上的 Na^+/H^+ 逆向运输蛋白将胞质中的 Na^+ 区隔化至液泡中，从而降低胞质中过高的 Na^+ 对细胞造成的毒害（Apse et al., 1999；Maris et al., 2002）。Apse 等还将 *AtNHX1* 转化拟南芥，结果发现转基因植株的耐盐性大大增强，且在 300mmol/L 的 NaCl 处理下转基因植株的叶片变小且伴随着失绿。自从拟南芥的 *AtNHX* 家族基因被克隆以来，多种物种的 *NHX* 基因相继被克隆并在不同的物种中验证了其功能。Aharon 等克隆了拟南芥 *NHX* 家族的 6 个成员，分析了 6 个基因的表达模式，其中 *AtNHX1* 在拟南芥的根、茎、叶及花中都有表达。随着转基因技术的日渐成熟，越来越多的 Na^+/H^+ 逆向转运蛋白从动物、植物、细菌和酵母等的一些物种中克隆到了相关基因。而且通过转化模式物种对 *NHX* 基因的功能进行了广泛的研究，但绝大多数 *NHX* 基因的功能研究都在耐盐、耐旱、耐低温及重金属方面，关于耐高温却鲜见报道。

Ca^{2+} 是植物响应多种外界胁迫和不同发育阶段的核心调控因子。*CDPK* 和 *CIPK* 基因家族属于钙离子感应器，在植物中不仅参与正常的生长发育调节，还广泛参与了对生物胁迫和非生物胁迫的响应和调节。钙依赖蛋白激酶（Calcium-dependent protein kinases，CDPK）是一类广泛存在于植物细胞中的钙传感蛋白，具有 Ca^{2+} 结合功能和丝氨酸/苏氨酸（Ser/Thr）蛋白激酶活性，通过参与细胞 Ca^{2+} 信号传导调控下游基因表达，在植物应答胁迫反应中发挥重要作用。在植物中，CBL 蛋白能和 CIPK 形成复合体，从而使复合体达到激活状态，行使相应的功能，以响应外界刺激信号对植物的影响。因此，克隆研究花花柴 *CDPKs* 和 *CIPKs* 基因和生物信息学分析，有助于探明花花柴应答高温胁迫的分子机制。

大多数高等植物都经历了全基因组复制、大片段复制等进化事件，在此之前水稻和拟南芥 *CBL* 基因的进化比较清楚地表明了多个物种特异性重复事件的发生，这些重复也可以用于如单子叶植物和双子叶植物物种等更大的进化相关类群。然而，由于许多植物缺乏基因组信息，这种情况很可能会妨碍仅仅根据水稻和拟南芥等模式生物的序列信息对常见 *CBL* 基因功能进行精确预测。对其他物种的基因家族分析将有利于完善 *CBLs* 与 *CIPKs* 的特征和功能网络，以及确定该物种的特定分支及是否增强了该物种的特定生物学功能。

6.1 试验材料

6.1.1 植物材料

几种荒漠植物分别为 2 种豆科植物：苦豆子（*Sophora alopecuroides* L.）、乌拉尔甘草（*Glycyrriza Uralensis* Fisch.）；3 种藜科植物：盐穗木（*Glycyrrhiza inflata* Bat）、盐地碱蓬（*Suaeda salsa*）和硬枝碱蓬（*Suaeda rigida*）；1 种菊科：花花柴（*Karelinia caspia*）。这些植物的种子由本课题组采自新疆阿拉尔市。受体物种拟南芥（*Arabidopsis thaliana* L. Columbia ecotype）由本实验室保存。

试验所用花花柴种子采自阿拉尔附近塔克拉玛干沙漠边缘，种子经自然风干后置于带有吸水珠的 2mL 离心管内，室温保存。选取饱满成熟的花花柴种子，用剪刀粗略剪去花花柴种子上的冠毛，将种子用纱布包住放入自来水中浸泡 24h，捞出后打开纱布，平摊于加有少量水的培养皿中黑暗条件下培养至种子发芽，后将发芽的种子将其按照 $V_{营养土} : V_{蛭石} = 2 : 1$ 种入下口直径为 7cm×7cm、上口直径为 10cm×10cm、盆高 8.5cm 的花盆中。在其表面撒上一小层干的细土，用喷壶洒上适量的水，每盆采取间苗的方式种植 2~4 颗种子，放置于环境温度为 25℃、空气相对湿度为 50%、16h 光照/8h 黑暗的环境下培养。选取生命旺盛、长势均匀的 2 月龄幼苗为试验材料。

6.1.2 菌株和载体

本试验所用的 T-A 克隆载体 pEasy-T3 vector、植物表达载体 pK2GW7.0、BP 及 LR 酶、大肠杆菌菌株 DH5α 和农杆菌菌株 GV3101。

克隆载体构建阶段所使用菌株为 Trans 公司的 Trans5α 化学感受态细胞。载体使用 TaKaRa 公司的 pMD™18-T Vector 与 pMD™19-T Vector 进行克隆。

蛋白互作阶段酵母双杂菌株为 Matchmaker Gold Yeast Two-Hybrid System 试剂盒内自带的 Y2H Gold 酵母菌。载体为试剂盒自带的 pGADT7 和 pGBKT7 质粒。

6.1.3 试剂盒（表6-1）

表 6-1　本试验所用试剂

试剂名称	公司
RNA prep Pure Plant Kit 多糖多酚植物总 RNA 提取试剂盒	北京天根生化
Prime ScriptTM RT reagent Kit with gDNA Eraser 反转录试剂盒	大连宝生物
2×Taq PCR Supper Mix	北京诺维赞
琼脂糖凝胶 DNA 回收试剂盒	北京天根生化
Matchmaker Gold Yeast Two-Hybrid System	Clontech
质粒小量快速提取试剂盒	北京天根生化

6.2 研究方法

6.2.1 总 RNA 提取及 cDNA 合成

将植株叶片在液氮中迅速研磨成粉末，使用多糖多酚植物总 RNA 提取试剂盒提取花花柴叶片总 RNA。并利用 1.0%琼脂糖凝胶电泳检测其完整性。取 1μL 利用超微量分光光度计 Nano Drop one 检测总 RNA 的浓度与纯度，于 −80℃超低温冰箱留存备用。利用逆转录酶对 cDNA 的第一链进行合成，−20℃保存备用。以上所用试剂盒均按说明书操作进行。

6.2.2　基因的克隆

根据本研究组数据设计 PCR 引物，以总 RNA 反转录得到的 cDNA 为模板，用 Ex Taq® DNA Polymerase 进行扩增。将 PCR 扩增特异性片段，采用 1.0%琼脂糖凝胶电泳法对 PCR 扩增的特异片段进行检测，并用琼脂糖 DNA 回收试剂盒进行回收。将目标基因与 T 载体结合，并将其导入 DH5α 感受态细胞中。用氨苄抗性筛选 DH5α 细胞，随机选择 3~6 个单克隆菌落，用 PCR 方法对其进行检测，然后将其检测结果传给睿博兴科生物技术有限公司测序（表 6-2 至表 6-8）。

表 6-2　花花柴抗逆相关基因克隆所设计的引物

名称	序列
KcNHX1F	5'-ATGGATTTCCTTTTGGGCCCGCTATTAG-3'
KcNHX1R	5'-TCAATGGATCACATCCATGTCACGGGTG-3'
KcNHX2F	5'-ATGGGGTTTGAGTTCGGGTTATTGCTTG-3'
KcNHX2F	5'-ATGGGGTTTGAGTTCGGGTTATTGCTTG-3'
KcNHX2R	5'-TTAGCTGGTTTCTTCATCGACTAGATGATGAG-3'
RT-KcNHXR	5'-GCAATCCAAATACCACTGTACTG-3'
Kc18S-1	5'-TCAGACTGTGAAACTGCGAATG-3'
Kc18S-2	5'-CCCTAAGTCCAACTACGAGCTT-3'
KcNHXBP1-1	5'-GGGGACAAGTTTGTAC AAA AAA GCA GGC TCG ATGGATTTCCTTTT-GGGCCCGCTATTAG-3'
KcNHXBP1-2	5'-GGGGACCACTTTGTAC AAG AAA GCT GGG TC TCAATGGATCACATC-CATGTCACGGGTG-3'
KcSOS2-F	5'-ATGACTTCGTTGCTTTCAACCAGT-3'
KcSOS2-R	5'-TTAGCATGTCATTGTTCTGTACAGTGA-3'
KcSOS3-F	5'-ATGGGTTGTATATGTTCAACTTCAAAGG-3'
KcSOS3-R	5'-TTAGGGTGTTGATTGGCTCTCC-3'
Kc18S-F	5'-GAGTCTGGTAATTGGAATGAG-3'
Kc18S-R	5'-TTCGCAGTTGTTCGTCTT-3'
KcCBL1F	5'-ATGGGGTGCTTTAATTCTACTGT-3'
KcCBL1R	5'-TCATGTAGCAATCTCTTCAACTTCA-3'
KcCBL2F	5'-ATGTCTCAGTGCTTAGAGGGGG-3'

名称	序列
KcCBL2R	5'-TCAAGTATCCTCAACTCTCGAGTGA-3'
KcCBL4F	5'-ATGGGTTGTATATGTTCAACTTCAAAGG-3'
KcCBL4R	5'-TTAGGGTGTTGATTGGCTCTCC-3'
KcCIPK2F	5'-CGAGCTCGATGAGAAATATGGATAGTAAAGCGAATG-3'
KcCIPK2R	5'-AGCGGTCAGGGCAACTGACCCT-3'
KcCIPK5F	5'-CGAGCTCGATGGAAGATCCGTCGGAAGACT-3'
KcCIPK5R	5'-AGCGGTTAAGAGCTAATGTTCTCACCTTGCC-3'
KcCIPK6F	5'-TCCCCCGGGGGAATGGCATCGGAGGACAGAAACA-3'
KcCIPK6R	5'-AGCGGTCATGCCGGAAAAGACTGACC-3'
KcCIPK7F	5'-ATGGCGCCACCGATCACC-3
KcCIPK7R	5'-AGCGGCTAGCAGTGCCATGACACCA-3'
KcCIPK9F	5'-ATGGATGAGCAGTGGCGGTGTGAA-3'
KcCIPK9R	5'-TCACCCTTTTCTGTTGTCATCTGT-3'
KcCIPK11F	5'-ATGCCAGAGGTCGACAATTTTGC-3'
KcCIPK11R	5'-CTAGTTATCGGTCACCTGTACATCCC-3'
KcCIPK24F	5'-ATGACTTCGTTGCTTTCAACCAGT-3'
KcCIPK24R	5'-TTAGCATGTCATTGTTCTGTACAGTGA-3'
CIPK2F（SacI-XhoI）	5'-CGAGCTCGATGAGAAATATGGATAGTAAAGCGAATG-3'
CIPK2R（SacI-XhoI）	5'-CCGCTCGAGCGGTCAGGGCAACTGACCCT-3'
CIPK5F（SacI-XhoI）	5'-CGAGCTCGATGGAAGATCCGTCGGAAGACT-3'
CIPK5R（SacI-XhoI）	5'-CCGCTCGAGCGGTTAAGAGCTAATGTTCTCACCTTGCC-3'
CIPK6F（SmaI-XhoI）	5'-TCCCCCGGGGGAATGGCATCGGAGGACAGAAACA-3'
CIPK6R（SmaI-XhoI）	5'-CCGCTCGAGCGGTCATGCCGGAAAAGACTGACC-3'
CIPK7F（SacI-XhoI）	5'-CGAGCTCGATGGCGCCACCGATCACC-3'
CIPK7R（SacI-XhoI）	5'-CCGCTCGAGCGGCTAGCAGTGCCATGACACCA-3'
CIPK9F（ClaI-SmaI）	5'-CCATCGATGGATGAGCAGTGGCGGTGTGAA-3'
CIPK9R（ClaI-SmaI）	5'-TCCCCCGGGGGATCACCCTTTTCTGTTGTCATCTGT-3'
CIPK11F（SacI-XhoI）	5'-CGAGCTCGATGCCAGAGGTCGACAATTTTGC-3'
CIPK11R（SacI-XhoI）	5'-CCGCTCGAGCGGCTAGTTATCGGTCACCTGTACATCCC-3'
CIPK24F（SmaI-SacI）	5'-TCCCCCGGGGGAATGACTTCGTTGCTTTCAACCAGT-3'
CIPK24R（SmaI-SacI）	5'-CGAGCTCGTTAGCATGTCATTGTTCTGTACAGTGA-3'
KcFAD2-F	5'-ATGGGTGCAGGTGGGCGAATG-3'
KcFAD2-R	5'-TGGTACAGCAATAAGATCTGA-3'
KcP450-77A-F	5'-ATGGATGTTTCTCTCGATTATCATATGATCTTTGCT-3'
KcP450-77A-R	5'-TTAAACTCGCGGTTTGATTGTAGCTCT-3'
KcHHT-F	5'-ATGGGTACCCTTTGCAAATCTACAACTC-3'
KcHHT-R	5'-TCATGCCAAGAACTTATTAAACAAGGCCTC-3'
18S-F	5'-GAGTCTGGTAATTGGAATGAG-3'
18S-R	5'-TTCGCAGTTGTTCGTCTT-3'

（续表）

名称	序列
KcbHLH71-F	5'-ATGGCTTTAGAAACACT-3'
KcbHLH71-R	5'-TTAGTTTATGGAATCAACACATAG-3'
KcbHLH71-qFord	5'-TGTTGTTGTTGTCGTCGTTGAG-3'
KcbHLH71-qRev	5'-TCGTCGTCTTGCGGTCTCT-3'
18s-Ford	5'-CGGCTACCACATCCAAGGAAGG-3'
18s-Rev	5'-CATCAGGCAACTCATAGC-3'
KcAPSK-F	5'-ATGACGACCGCCGGAAAAAT-3'
KcAPSK-R	5'-CTATGCATGTAGATACCCTTTTGCT-3'

6.2.3　基因的生物信息学分析

用 NCBI 在线比对，分析基因氨基酸序列与几种植物氨基酸序列的一致性；利用 EXPASY 网站的 ProtParam 和 PROSITE 进行理化性质和预测蛋白质结构域的分析；分别利用 SignalP-5.0 和 TMHMM（梁小燕等，2021）软件进行蛋白信号肽与跨膜区分析；用 PROTSCALE 软件分析蛋白亲水性；用 SOPMA 预测蛋白二级结构；SWISS-MODEL 预测蛋白三维结构。采用 MEME 方法预测蛋白结构域，并采用 DNAMAN 进行多序列比对，利用 MEGA-X 采用相邻连接法（Neighbour-Joining，NJ）建立几种植物与花花柴相关基因的系统发育树，将蛋白序列上传至网站 STRING 分析蛋白互作网络。所用网址如表6-3 所示。

表6-3　生物信息学分析软件名称及网址

生物信息学网站	网址	用途
NCBI	https：//www. ncbi. nlm. nih. gov/	氨基酸一致性分析
ProtParam	https：//web. expasy. org/protparam/	氨基酸理化性质分析
PROSITE	https：//prosite. expasy. org/	预测蛋白质功能位点
SignalP-5. 0	http：//www. cbs. dtu. dk/services/SignalP-5. 0/	蛋白质信号肽
TMHMM	http：//www. cbs. dtu. dk/services/TMHMM-2. 0/	蛋白质跨膜结构预测
PROTSCALE	https：//web. expasy. org/protscale/	蛋白亲水性
SOPMA	https：//npsa-prabi. ibcp. fr/cgi-bin/npsa_automat. pl	蛋白质二维结构预测
MEME	https：//meme-suite. org/meme/	蛋白质保守结构域
SWISS-MODEL	https：//swissmodel. expasy. org/	蛋白质三维模型预测
STRING	https：//string-db. org/	蛋白互作网络

6.2.4 基因的表达模式分析

6.2.4.1 高盐胁迫花花柴植株时的表达模式分析

将 2 月龄幼苗花花柴从植物培养室转入空气相对湿度为 50%、16h 光照/8h 黑暗的人工气候培养箱中培养。处理前，要提前几天将花花柴的水浇透，待下次浇水时使用 300mmol/L NaCl 和 100mmol/L Na_2CO_3 的混合溶液将要处理的花花柴的水浇透。未浇盐溶液的花花柴植株作为对照组（CK），浇盐溶液的花花柴植株为实验组。浇盐溶液 0h、2h、4h、8h、24h、48h 后分别取花花柴根、茎、叶放入液氮中，之后转移至-80℃超低温冰箱保存备用。

利用 RNA prep Pure Plant Kit 试剂盒提取花花柴根、茎、叶总 RNA，并利用 1.0%琼脂糖凝胶电泳检测其完整性。使用 Prime Script™ RT Master Mix 反转录试剂盒合成 cDNA 第一链，-20℃保存备用。利用花花柴的内参基因 18S r RNA，进行 PCR 扩增验证。18S r RNA 为内部参照基因进行多次重复 PCR 扩增凝胶电泳检测，并进行内参矫正，使内参电泳条带亮度保持一致。调整不同处理时间的模板浓度为基本一致的情况下，进行后续的基因 RT-PCR 反应。

6.2.4.2 干旱胁迫花花柴植株时的表达模式分析

将 2 月龄幼苗花花柴从植物培养室转入人工气候培养箱中培养。处理前，要提前几天将花花柴的水浇透，从下次浇水后开始计为处理时长。干旱处理 0d、2d、4d、6d，干旱处理 0d 的花花柴植株作为对照组（CK），其余干旱处理的花花柴植株为实验组。干旱处理后分别取花花柴根、茎、叶放入液氮中，之后转移至-80℃超低温冰箱保存备用。

6.2.4.3 高温胁迫花花柴植株时的表达模式分析

将 2 月龄幼苗花花柴植株从植物培养室转入人工气候培养箱中培养。以 45℃条件下高温处理 5min、30min、2h、4h 的花花柴植株为实验组，室温下花花柴植株为对照（CK），取其根、茎、叶用液氮速冻后于-80℃超低温冰箱留存备用。

6.2.4.4 低温胁迫花花柴植株时的表达模式分析

将 2 月龄幼苗花花柴从植物培养室转入人工气候培养箱中培养。以 4℃条件下低温处理 5min、30min、2h、4h、8h 的花花柴植株为实验组，室温下花花柴植株为对照（CK），取其根、茎、叶用液氮速冻后于-80℃超低温冰箱留存备用。

6.2.4.5 渗透胁迫花花柴植株时的表达模式分析

15% PEG 模拟干旱处理 0h、3h、6h、10h、24h、36h，PEG 未处理的花花柴植株作为对照组（CK），其余 PEG 模拟干旱处理的花花柴植株为实验组。处理后分别取花花柴根、茎、叶放入液氮中，之后转移至-80℃超低温冰箱保存备用。

6.2.5 基因的原核表达载体的构建与遗传转化

6.2.5.1 基因的原核表达载体的构建

根据试验前期获得的基因 ORF 序列，使用 Primer Premier 5.0 进行分析设计引物。上下游引物分别引入两个核酸限制性内切酶的酶切位点。PCR 扩增产物经电泳检测后用琼脂糖凝 DNA 胶回收试剂盒进行目的条带回收。回收产物与 T 载体进行连接，转化大肠杆菌 DH5α 感受态细胞，筛选阳性克隆，进一步扩大培养后送至睿博兴科生物科技有限公司完成测序。

将测序正确的质粒分别用限制性内切酶进行双酶切反应，双酶切反应体系为 50μL。反应条件为 37℃水浴锅中酶切 1h。酶切产物经电泳检测回收后用 T4 连接酶进行连接。将连接后的产物转化到 *E. coli* DH5α 感受态细胞中，涂布到含有 50μg/mL 卡那霉素抗生素的 LB 固体培养基上，过夜培养后挑取单菌落，进一步扩大培养后提取质粒，进行质粒双酶切验证鉴定。提取鉴定的阳性质粒转入 *E. coli* BL21，利用菌落 PCR 鉴定阳性转化子，将验证后的菌液保存备用。

6.2.5.2 重组载体的诱导表达

（1）挑取经 PCR 鉴定为阳性的克隆菌落，接种于含有卡那霉素（终浓度 50μg/mL）的液体 LB 培养基中，于 37℃、250r/min 培养过夜。

（2）按 1∶100 的比例分别吸取上述培养液于含有卡那霉素（终浓度 50μg/mL）的 100mL 液体 LB 培养基中，于 37℃、250r/min 培养 3~4h，使其 OD 值达到 0.6~0.8。取出 1mL 菌液作为阴性对照，同时设立未经诱导的 pET-28a 空载体质粒转化 DE3 感受态细胞作对照。

（3）加入 IPTG（终浓度为 0.5mmol/L），37℃、250r/min 振荡培养，进行外源基因的诱导表达。每隔 2h 吸取 1mL 菌液，取到 8h 截止。

6.2.5.3 原核表达蛋白的提取及 SDS-PAGE 检测

（1）将上述菌液 12 000r/min 离心 2min，收集菌体，弃上清液，加入 1mL 的 pH 值为 8.0、10mmol/L 磷酸缓冲溶液（phosphate buffered saline，PBS），再离心，弃上清液。

（2）加入 40μL 5×SDS-PAGE 上样缓冲液和 160μL PBS，混匀。每个样品在沸水中煮沸 10~15min。

（3）上样。取 20μL 诱导与未诱导的处理后的样品加入点样孔中，并加入 20μL 蛋白质标准品作对照。

（4）电泳。在电泳槽中加入电泳缓冲液，连接电源，负极在上，正极在下。电泳时，积层胶电压为 60V，分离胶电压为 80V，电泳至溴酚蓝行至电泳槽下端停止。

（5）染色。将胶从玻璃板中取出，放入装有考马斯亮蓝染色液的方盘中，在室温条件下以 50~80r/min 的速度在平板摇床上振荡染色 1h。

（6）脱色。将胶从考马斯亮蓝染色液中取出，放入脱色液中，小心地用清水冲洗 2~3 次，再放入装有脱色液的方盘中，在室温条件下以 50~80r/min 的速度在平板摇床上振荡脱色 10~12h，期间换新鲜的脱色液 3~5 次，至蛋白带清。

（7）凝胶成像和保存。用凝胶成像系统照相并保存图片。凝胶可保存于双蒸水中或 7% 乙酸溶液中。

6.2.6 基因的真核表达载体的构建与遗传转化

6.2.6.1 基因的真核表达载体的构建

真核表达载体的构建使用的是 Gateway 技术。根据 Gateway 技术设计一对含有 attB1 和 attB2 接头的基因引物，利用 BP-LR 反应将基因构建至含有 35S 启动子的 pK2GW7.0 超表达载体上。以质粒为模板进行 PCR 扩增，经 PCR 扩增得到包含完整 ORF 的 PCR 产物。将含有 BP 接头的基因的 PCR 产物和 pDONR™221 载体在室温放置 4h 经 BP 反应后（表 6-4），转化大肠杆菌感受态细胞 DH5α。以基因的特异引物进行 PCR 检测来挑取阳性克隆，并活化提取质粒。再将上述所得的质粒与 pK2GW7.0 载体质粒用 LR 反应在室温放置 4h（表 6-5），将基因连接至植物表达载体 pK2GW7.0，反应产物转化大肠杆菌感受态细胞 DH5α。以基因的特异引物进行 PCR 检测来挑取阳性克隆，并活化提取质粒，将该质粒转入农杆菌菌株 GV3101。

表 6-4 BP 反应体系	
试剂	体积（μL）
目的基因 PCR 产物	1~7
pDONR™221 载体	1
TE buffer pH 8.0	Up to 8
BP clonase™ II	2
总体积	10

表 6-5 LR 反应体系	
试剂	体积（μL）
目的基因-Pdoner221 载体	2
pK2GW7 载体	1
TE buffer pH 8.0	1~7
LR clonase™ II	Up to 8
总体积	10

本研究中所涉及的拟南芥转基因采用的方法为农杆菌介导的花序法转化，所采用的农杆菌菌株为 GV3101，转化受体材料为野生型拟南芥（Clough et al.，1998）。

农杆菌感受态转化如下。

（1）取-80℃保存的农杆菌感受态于室温或手心片刻待其部分融化，处于冰水混合状态时插入冰中。

（2）每 100μL 感受态加入 0.01~1 μg 质粒 DNA（转化效率较高，第一次使用前最好做预实验确定所加质粒的量），用手拨打管底混匀，依次于冰上静置 5min、液氮 5min、37℃水浴 5min、4℃冰浴 5min。

（3）加入 700μL 无抗生素的 LB 或 YEB 液体培养基，于 28℃振荡培养 2~3h。

（4）6 000r/min 离心 5min 收菌，留取 100μL 左右上清液轻轻吹打重悬菌块涂布于含相应抗生素的 LB 或 YEB 平板上，倒置放于 28℃培养箱培养 2~3d。

（5）挑取阳性单克隆，扩大培养后菌液 PCR 验证，并保存菌种。

6.2.6.2 烟草、棉花、拟南芥培养

利用植物组织培养中的无菌操作技术对烟草、棉花、拟南芥的种子进行处理，得到无菌苗，步骤如下。

（1）种子置入灭过菌的烧杯中，在没过种子的 75% 酒精中浸泡 30~60s，倒掉废液后，种子用无菌水冲洗 1 次，洗去种子表面的残留酒精。

（2）将种子置于没过种子的 2% 次氯酸钠溶液中浸泡，大种子浸泡 10~15min，小种子浸泡 6~8min；保持振荡。

（3）种子用无菌水冲洗 3~5 次，洗去种子表面的残留消毒剂，将杀菌后的种子用镊子放到垫有灭过菌滤纸的培养皿中，使种子表面的水分被滤纸吸干。

（4）用镊子将表皮干燥的种子轻轻接入培养基中，使种子均匀地分布于

培养基上。

（5）接种完毕后，将组培瓶盖子盖紧，封口。

（6）将接种后的种子置于黑暗环境中培养至发芽，再将其放入光照培养室内培养。

6.2.6.3 烟草、棉花、拟南芥遗传转化

（1）叶盘法侵染烟草叶片如下。

① 取活化后的农杆菌菌液于灭菌的离心管中，6 000r/min 离心 5min。

② 弃上清液，加 1mL 液体 MS 重悬细胞。

③ 吸取 20mL 的液体 MS 到 50mL 三角瓶中，并将②中的重悬液加入，使侵染液 OD_{600} 在 0.6 左右。

④ 取生长天数 50~60d 烟草无菌苗叶片，去除边缘和主脉，切割成 1cm×1cm 大小。

⑤ 将切好的叶片放入农杆菌菌液中，轻轻摇晃 10~15min，再放于无菌滤纸上吸取多余液体，然后转移至无抗生素的 MS 固体培养基中 18~21℃暗培养（共培养）48h。

⑥ 将共培养的叶片在无菌水中洗 3 次，每次 2min，再放于无菌滤纸上吸取多余液体，然后转移至选择分化培养基放置于环境温度为 28℃条件下的植物组织培养室培养（烟草丛生芽诱导培养基：MS+6-BA 1.0mg/L+NAA 0.2mg/L+Kan 50mg/L+Cef 400mg/L）。

（2）棉花下胚轴的侵染如下。

① 取活化后的农杆菌菌液于灭菌的离心管中，6 000r/min 离心 5min。

② 弃上清液，加 1mL 液体 MGL 重悬细胞。

③ 吸取 20mL 的液体 MGL 到 50mL 三角瓶中，并将②中的重悬液加入，使侵染液 OD_{600} 在 0.1 左右，再加入配制好的 AS，200r/min 28℃培养 45min。

④ 取棉花下胚轴，用手术刀切除顶端叶片和底端根部，将下胚轴切割成 0.5~1cm 长的小段。

⑤ 将切好的下胚轴放入活化好的含有 AS 的农杆菌菌液中，摇匀后静置 3~5min，再将下胚轴置于无菌滤纸上吸取多余液体至下胚轴表面稍微干燥，然后转移至垫有滤纸的 2,4-D 固体培养基中，保证每段下胚轴均接触到滤纸，于 18~21℃暗培养（共培养）36~48h（棉花共培养培养基：MS+2,4-D 0.1mg/L+KT 0.1mg/L）。

⑥ 将共培养的下胚轴在无菌水中洗 3 次，每次 2min，再放于无菌滤纸上

吸取多余液体，然后转移至选择分化培养基放置于环境温度为 28℃ 条件下的植物组织培养室培养（棉花筛选培养基：MS+2,4-D 0.1mg/L+KT 0.1mg/L+Kan 50mg/L+Cef 400mg/L）。

（3）蘸花法侵染拟南芥如下。

① 取活化后的农杆菌菌液于灭菌的离心管中，6 000r/min 离心 5min。

② 弃上清液，加 1mL 液体 MS 重悬细胞。

③ 吸取 20mL 的液体 MS 到 50mL 三角瓶中，并将②中的重悬液加入，使侵染液 OD_{600} 在 0.6 左右，再加入配制好的 AS。

④ 取已经盛开的拟南芥植株，用剪刀去除果荚和开败的花，将花蕾浸泡于已经配制好的侵染液中，花蕾充分接触侵染液，时间 1~2min。

⑤ 侵染结束的植株进行遮光处理 24h 后，放置于环境温度 21℃、相对湿度 50%，光周期为 16h 光照/8h 黑暗条件的人工气候培养箱中培养。每间隔 5~7d 侵染 1 次，直至拟南芥生育期结束，收取拟南芥 T0 代种子，去除杂质。

6.2.7　阳性转基因植株检测及表达量分析

用 RT-PCR 法检测基因在转基因植株中的表达量方法如下。

挑选 T3 代通过 Kan 筛选的单拷贝的阳性拟南芥提取幼苗的总 RNA，采用 Trizol（Sigma）法依据试剂说明书进行抽提。利用 RT-PCR 方法分析转基因植株中基因的表达量。根据 RT-PCR 的结果挑选 4 个相对表达量较高的转基因系，用 Northern 法进一步检测基因在转基因植株中的表达量。将所选的几个转基因系约 20μg RNA 用 0.8% 的变性琼脂糖凝胶分离并转移至尼龙膜（Millipore，Billerica，MA，USA），用 300 bp 的 KcNHX1 片段的 PCR 产物做探针（Promega，Madison，WI，USA）进行 Northern 杂交。

Northern 杂交具体操作方法如下。

（1）试剂配制。

① 10×Mops。0.2M Mops，20mM AcNa，10mM EDTA，用 DEPC 定容至 1L。

② 20×SSC。3M NaCl，0.3M 柠檬酸钠，pH 值为 7.0，用 DEPC 定容至 1L。

③ 电泳液的配制。取 100mL 10×Mops 稀释到 1L。

（2）制胶。称取 0.9g RNA 专用琼脂糖，加入 54mL 的 DEPC 水，高温煮沸至完全融解，于室温冷却至 50~60℃，加入 7.5mL 10×Mops，尽快混匀，再加入 13.5mL 甲醇，混匀，倒胶。

（3）RNA 的制备。4μL 的 10×Mops，8μL 的甲醇，20μL 的去离子甲酰

胺，加入 8μL RNA（约 20μg），将配好的 RNA 于 85℃变性 15min，瞬离至管底，冰浴 10min，后加入 0.2μL 上样 buffer。

（4）电泳。先将胶于 80V 电泳 10min，关闭电源，点样，先用 80V 电泳至溴酚蓝跑出点样孔，再用 40V 电泳 4~5h。

（5）转膜。

① 将电泳胶用 DEPC 水洗 3 次，每次 5min，切除胶的边缘及点样孔。

② 用 0.05M NaOH 浸泡 10min，进行预变性。

③ 用 20×SSC 浸泡 40min。

④ 搭盐桥，转膜（转膜过程中要赶尽硝酸纤维素尼龙膜与凝胶之间的气泡）14~16h。

⑤ 90℃烘膜 2h，放到室温后于-20℃保存备用。

（6）预杂交。

① 将转好的尼龙膜于 2×SSC 浸泡 5min，再放入含有 65℃预热的适量杂交液的杂交管中，于 65℃杂交 5~6h。

② 探针标记。取适量 PCR 产物加双蒸馏水至 15μL，于 100℃变性 2min，立即放于冰上，再加入以下组分：5×buffer 10μL，dATP/dTTP/dGTP 各 0.7μL，BSA 2μL，klenow 酶 1μL，用同位素$^{\alpha 32}$P 标记的 dCTP 2μL，混匀，甩至管底。将上述混合物于室温放置 5~6h 至预杂交结束。将探针于 100℃煮沸 10min（目的是使 klenow 酶失活），再冰浴 10min。

（7）杂交。弃预杂交液，加入适量（20~30mL）于 65℃预热的杂交液，将标记好的探针加入杂交管，于 65℃杂交 20~24h。

（8）洗膜。用低严谨洗膜液洗 2 次，每次 10min，再用高严谨洗膜液洗 15min（洗膜次数和时间由信号强弱决定，当检测信号达到 200~300/s 就可以了）。

（9）压磷屏。将杂交膜用塑料薄膜包好，与磷屏的白面接触，放于磷屏夹中，压上重物，放置 5~12h。

（10）扫磷屏。用激光荧光及磷光影像仪（Downer Grove IL 60515，Perkin Elmer，美国）进行扫描。

6.2.8　转基因拟南芥的逆境处理

6.2.8.1　转基因拟南芥的 NaCl 处理

将所选的 2 个转基因系 *KcNHX*1-2、*KcNHX*1-4 和 1 个野生型分别直播于营养钵（$V_{营养土} : V_{蛭石}$ 为 2 : 1）中，于 22~24℃、相对湿度 60%，16h 光照/8h 黑暗的光照培养室培养 4 周，用 200mM 的 NaCl 溶液处理，分别取处理 0h 和 48h 的叶片，测定其生理指标。待植株培养至第 7 周时统计其抽薹数，最后测其产量。

6.2.8.2 转基因拟南芥的干旱处理

转基因植株和野生型植株在上述条件下培养到 3 周时，不再浇水，在处理 2 周时取其叶片，测定其生理指标，并在第 6 周复水前和复水 1 周后统计各系的抽薹数及存活率。离体叶片的失水率测定参考李禄军的方法（李禄军等，2006）。

6.2.8.3 转基因拟南芥的高温处理

拟南芥苗期高温处理：将生长 4 周的拟南芥苗子于 30~38℃ 高温下处理，分别于处理 0h、6h、24h、48h 和 96h 时取其叶片，测定生理指标。

开花结实期的高温处理：将盛花期的苗子转移至 33℃ 恒温下处理，高温处理 1 周后放至室温再培养 1 周，收集高温处理期间形成的角果，测量角果长度并统计每个角果中的种子数量，每个系统计 45 个角果。在体视显微镜（Leica MZ FL Ⅲ）下观察花器官的大小和形态，期间于高温处理第 4d 时取其莲座叶片和花器官分别测定 IAA 的含量，并测量叶片中气孔开度。

6.2.9 逆境处理下转基因植株的生理指标测定

可溶性糖用蒽酮法，MDA 的含量（硫代巴比妥酸）、SOD（氮蓝四唑光化还原法）及 POD 的活性（愈创木酚法）等的测定方法参照 Zhang（2009）的方法。

6.2.10 高温处理下转基因植株生长素的含量测定

分别称取 100mg 高温处理和常温条件下的 3 个拟南芥系的叶片和花器官，加液氮研成粉末，用 0.6mL 80% 预冷的色谱级甲醇于 4℃ 振荡提取过夜，于 12 000r/min 离心 10min，将上清液转移至新的离心管中，于沉淀中再加入 0.5mL 上述甲醇重复提取 2h，离心，合并上清液，用氮吹仪吹干提取液，于沉淀中加 0.4mL 的甲醇溶解，于 4000Q-TRAR LC-MS 系统（Applied 24 Biosystems, USA）测定 IAA 的含量，具体操作方法参照 Tan 等（2012）的方法。

6.2.11 高温处理下转基因植株的气孔开度测定

分别按时间点 9:00、13:00 和 17:00 取 33℃ 高温处理 4d 和常温条件下的 3 个拟南芥系的莲座叶各 3 片, 切成 3mm 大小的见方放入扫描电镜固定液, 用 JSM-6390/LV (Jeol, Japan) 扫描电镜观察气孔的开度, 并用 J 图像处理软件测量气孔的宽度和长度, 计算宽/长的比值。每个样品测量 60 个气孔。

6.2.12 高温处理下转基因植株的角果长度及种子数统计

用 0、0.1μmol/L 和 0.5μmol/L 的 IAA 分别浸泡两个转基因系和野生型植株的花器官 3~5min, 然后于 33℃ 处理 1 周, 再于室温下培养 1 周后收集高温处理时产生的各系各处理的角果, 统计其长度和种子数。

6.3 Na⁺/H⁺ 逆向转运蛋白 *NHX1* 基因的克隆及功能分析

6.3.1 来自荒漠植物的 *NHX* 基因与来自其他物种的 *NHX* 基因同源性比较

从花花柴等 6 种荒漠植物中克隆出 11 条 *NHX* 序列, 其中 4 条具有 ORF, 包括来自盐地碱蓬的 *SsNHX1*, 来自花花柴的 *KcNHX1*、*KcNHX2* 及来自乌拉尔甘草的 *GuNHX1*, 其余序列为 *NHX* 基因片段。并对所克隆的上述 4 条全长基因和来自苦豆子的 *SaNHX1* 片段的蛋白质序列与拟南芥和杨树的 *NHX* 家族的蛋白序列构建进化树 (图 6-1), 结果显示这几条新克隆的基因与来自胡杨的 *NHX* 基因的亲缘关系较近。

选择来自花花柴的 *KcNHX1* 进行后续的功能研究, 因此对新克隆的 *KcNHX1* 基因与已经报道的 *KcNHX1* (ABC46405.1) 进行了序列比对, 发现这两个基因的 cDNA 全长 1 620bp, 编码 539 个氨基酸。在核苷酸水平有 12 个核苷酸的差异, 在氨基酸水平只有 1 个氨基酸位点的差异, 且与杨树的 *PeNHX1* 在系统发育树种关系最近, 因此命名为 *KcNHX1* (图 6-1)。对新克隆的 Kc-

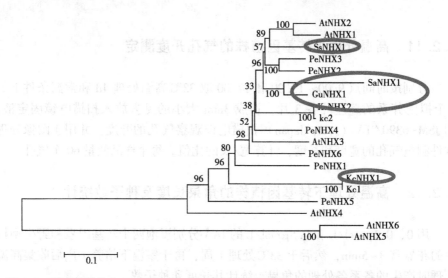

图 6-1　新克隆的几个 *NHX* 基因与来自拟南芥和胡杨的 *NHX* 基因家族的系统发育分析

（注：其中 *AtNHX1-6* 来自拟南芥，*PeNHX1-6* 来自胡杨，*kc1* 和 *kc2* 是已经鉴定的花花柴 *NHX* 基因，*SsNHX1*、*SaNHX1*、*GuNHX1*、*KcNHX1* 和 *KcNHX2* 是本研究所克隆的 *NHX* 基因）

NHX1 蛋白通过 Compute pI/Mw 软件（http：//web. expasy. org/cgi - bin/compute_pi/pi_tool）在线预测显示，该蛋白的理论 pI 值为 6.27，分子量约为 60kD，用 TMHMM - 2. 0 软件（http：//www. cbs. dtu. dk/services/ TMHMM - 2. 0/）在线预测结果显示该蛋白具有 10 次跨膜结构（图 6-2）。

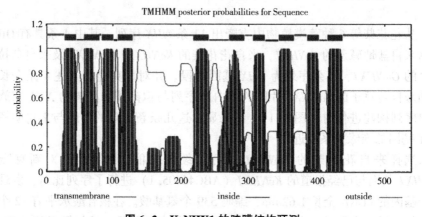

图 6-2　KcNHX1 的跨膜结构预测

（注：通过 TMHMM 软件预测结果显示 KcNHX1 蛋白有 10 个跨膜结构）

6.3.2 *AtNHX1* 和 *KcNHX1* 基因的表达模式比较

对 *AtNHX1* 和 *KcNHX1* 的表达模式及表达量进行了比较，发现 *KcNHX1* 和 *AtNHX1* 分别在各自物种中的叶和根器官中都有表达，且 *KcNHX1* 在花花柴的叶和根中都有很高的表达，*AtNHX1* 的表达量相对较低（图 6-3）。这可能与物种的差异性及其长期的生长环境有关。

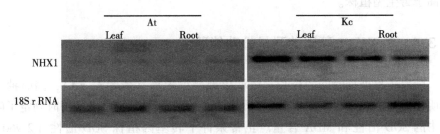

图 6-3 *AtNHX1* 和 *KcNHX1* 的表达模式比较

6.3.3 *KcNHX1* 基因的耐盐性功能验证

对转基因植株通过 RT-PCR 分析了 *KcNHX1* 基因的表达量，得到 15 个转基因系，并从中选取表达量较高的 3 个系 2、4 和 15 号系进行 Northern bloting 检测（彩图 6-4A）。最后选取表达量较高的 2 和 4 号系（命名为 *KcNHX1-2*、*KcNHX1-4*）进行后续的功能验证。

在 NaCl 处理下，转基因和野生型植株都出现了失绿现象（彩图 6-4B），而且野生型植株的抽薹也明显受到抑制，尤其在野生型植株中更为明显。通过测定 NaCl 处理 48h 时的 SOD 活性和 MDA 含量，发现正常条件下 SOD 活性在转基因植株和野生型植株中没有差别，但是在 200mM 的 NaCl 处理 48h 后，转基因植株中 SOD 活性是对照条件下的 1.7~1.8 倍，而野生型植株中 SOS 活性略有降低（彩图 6-4C）。MDA 的含量在 NaCl 处理后在 3 个系中均明显上升。在正常条件下，两个转基因系和野生型植株中 MDA 的含量基本一致。NaCl 处理后，野生型植株中 MDA 的含量是转基因系的 2.1 倍（彩图 6-4D）。

除了生理指标的测定，本研究还统计了 NaCl 处理后的抽薹数和产量。结果显示，在 NaCl 处理下，3 个系的抽薹数明显下降，两个转基因系的抽薹数由正常条件下的 9 个减少至 2 个左右，而野生型则降至 1 个，野生型的抽薹数明显低于转基因系（彩图 6-4E）。产量部分的调查分为生物学干重和种子产量，调查显示转基因系的生物学产量在 NaCl 处理后基本没有变化，保持在 0.27g/株，而野生型植株的生物学产量在 NaCl 处理后由对照条件下的 0.24g/株下降至 0.18g/株，明显低于转基因植株。NaCl 处理后各基因型的结实性明显低于正常条件。在 NaCl 处理下转基因系的结实性由正常条件下的 34~36mg/株降至 23~25mg/株，而野生型则降至 7mg/株，转基因植株的结实性明显高于野生型植株。

6.3.4 *KcNHX1* 基因的耐旱性功能验证

随着干旱处理时间的延长，植株出现严重萎蔫（彩图 6-5A），同时抽薹数明显减少，继续干旱则出现植株干枯死亡现象。在干旱处理两周时测定了叶片中的 SOD 活性和 MDA 含量。正常条件下转基因植株 SOD 活性［2 960~3 060U/g（FW）］略高于野生型植株［2 500U/g（FW）］。

干旱处理后两个转基因系的 SOD 活性上升到 3 180U/g 和 3 320U/g，而野生型植株的 SOD 反而下降至 1 820U/g，转基因植株中 SOD 活性远高于野生型植株（彩图 6-5B）。正常条件下 MDA 含量的检测结果显示两个转基因系分别为 11.4nmol/g 和 15.4nmol/g（FW），野生型为 15.4nmol/g（FW）。在干旱处理 2 周后，转基因植株中 MDA 含量基本没变，而野生型则明显上升至 21.6nmol/g（FW）（彩图 6-5C）。通过对干旱条件下抽薹数量的统计发现，干旱对植株的抽薹数影响很大，干旱条件下转基因和野生型植株的抽薹数从正常条件下的 9 个左右下降至 1 个。当复水 1 周后，3 个系的抽薹数明显增加，2 个转基因系由原来的 1 个增加至 3.6 个左右，野生型则增加至 2.7 个（彩图 6-5E）。

6.3.5 *KcNHX1* 基因的耐高温性功能验证

6.3.5.1 苗期高温处理及生理指标测定结果

将两个转基因系和野生型拟南芥于 30~38℃处理 4d 后，出现幼苗干枯死亡的现象（彩图 6-6A），统计了转基因和野生型植株的存活率。2 个转基因系的存活率为 88%以上，而野生型仅为 18%，两个转基因系的存活率远高于野生型（彩图 6-6B）。在高温处理 0h、6h、24h、48h 及 96h 为时间点测定了以下几个与逆境响应相关的生理指标：可溶性糖含量、过氧化物酶 POD 活性和丙二醛（MDA）的含量。

测定结果显示，两个转基因系可溶性糖含量在高温处理前分别为 11.6mg/100mg（FW）和 12.4mg/100mg（FW），野生型为 8.4mg/100mg（FW），在高温处理过程中逐渐增加，在高温处理 24h 和 96h 时含量基本一致，并达到最大值，两个转基因系分别为 23mg/100mg（FW）和 19mg/100mg（FW），而野生型为 14mg/100mg（FW）。在高温处理的各时间点，转基因植株中的可溶性糖含量均高于野生型（彩图 6-6C）。

POD 活性测定结果显示，3 个系 KcNHX1-2、KcNHX1-4 和 WT 在高温处理前在 5.5~6.4U/ [min·mg（FW）]，在高温处理下迅速升高，在 24h 时达到最大值，2 个转基因系分别为 14.8U/ [min·mg（FW）] 和 14.6U/ [min·mg（FW）]，野生型为 10.7U/ [min·mg（FW）]，在后续的处理中基本保持不变，且在每个处理时间点转基因拟南芥中 POD 活性明显高于野生型（彩图 6-6D）。

同时测定了上述各时期的 MDA 含量，试验结果显示，在高温处理前 3 个系中 MDA 的含量在 7.8~8.3nmol/g（FW）。在高温处理后逐渐上升，在处理 96h 时 MDA 含量达到最大值，两个转基因系分别为 13.2nmol/g（FW）和 12.9nmol/g（FW），野生型为 14.1nmol/g（FW）。但在每个处理时间点野生型拟南芥中 MDA 含量明显高于转基因系（彩图 6-6E）。

6.3.5.2 KcNHX1 基因能提高高温处理下转基因拟南芥的结实性

将培养 8 周的 KcNHX1-2 和 KcNHX1-4 两个转基因系和野生型拟南芥于 33℃处理 1 周，发现植株叶片发紫，花器官变小，花丝变短，角果明显变小（彩图 6-7）。高温处理下对 2 个转基因系和野生型植株莲座叶的叶绿素测定结果显示，3 个系在正常条件下的叶绿素含量为 0.59~0.64mg/g（FW），高温处理后 2 个转基因系的叶绿素含量下降至 0.32mg/g（FW），野生型则下降至不足一半 [0.15mg/g（FW）]（彩图 6-7C），两个转基因系中叶绿素含量明显高于野生型。在高温处理下 3 个系的花器官（彩图 6-7B 中 d~f）相对正常条件（彩图 6-7B 中 a~c）变小。对正常条件和高温处理下角果的长度及种子数统计（每个系 45 个）结果显示，角果长度由正常条件的 15.5~18mm（彩图 6-7D 中 a~c 和 E）降到 4.5~5mm（彩图 6-7D 中 d~f 和 E），两个转基因系和野生型的角果长度和结实性在正常条件下均没有差异，角果长度在高温处理下也没有显著差异（彩图 6-7D 和 E）。但结实性在高温处理下却显著降低，2 个转基因系平均每个角果由正常条件下的 36~39 粒降至 1 粒，而野生型则降至不足 0.5 粒，转基因系和野生型之间存在显著差异。

由于高温条件下花器官变小，结实性降低，为了验证这种变化与 IAA 含量相关，测定了花器官中 IAA 含量。正常条件下 3 个系花器官 IAA 的含量在 26.2~36.4mg/g，高温处理后，IAA 含量下降，2 个转基因系分别为 26.8mg/g 和 19mg/g，野生型为 16.4mg/g，转基因系中 IAA 含量明显高于野生型。

为了验证在高温条件下补充 IAA 对结实性的影响，用 0.1μmol/L 和 0.5μmol/L 的 IAA 浸泡转基因植株和野生型植株的花絮，然后在 33℃ 处理 1 周后统计角果的长度和种子数。结果显示 0.1μmol/L 的 IAA 处理下两个转基因系植株的角果和种子数明显增加，野生型也有所增加但都低于转基因系。用 0.5μmol/L 的 IAA 处理花器官后，3 个系的角果长度的增加更加明显（8.8~10 mm），籽粒数也明显增加（7.2~10.4 粒/角果），但转基因系和野生型植株间没有明显差异（彩图 6-7E）。

6.3.5.3　高温处理下气孔开度测定

气孔是蒸腾过程中水蒸气从体内排到体外的主要出口，为了分析高温条件下各转基因和野生型拟南芥叶片气孔开度的变化，将同期的转基因和野生型莲座叶通过电镜扫描测量其气孔开度，结果显示高温处理下气孔开度明显增大（图 6-8）。正常条件下，两个转基因系和野生型叶片的气孔开度也有规律性的变化，9:00，3 个系的气孔开度较小（0.26~0.28）；到 13:00，气孔开度增加（0.31~0.33）；到 17:00，2 个转基因系的气孔开度增加至 0.35~0.38，野生型还维持在 0.32（图 6-8B）。高温条件下，两个转基因系的气孔开度在 9:00 为 0.35，而野生型为 0.28；随着高温处理时间的延长气孔开度增加，到 13:00 2 个转基因系的气孔开度为 0.4，野生型为 0.32；到 17:00，2 个转基因系的气孔开度继续增加至 0.43，野生型略有下降，为 0.31。在高温处理的各个时期，转基因系的叶片气孔开度明显大于野生型（图 6-8C）。总之，野生型植株气孔开度无论在有无高温胁迫存在都表现出低—高—较低的规律性，而转基因植株则始终表现出持续增加的趋势。

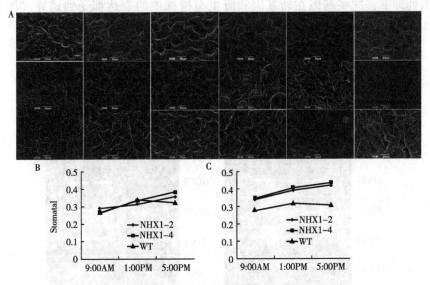

图 6-8　高温处理下气孔开度测定

（注：A 图中 a~c 列为正常条件下 *KcNHX1-2*、*KcNHX1-4*、WT 气孔的电镜扫描图，
d~f 列为高温处理下各系气孔的电镜扫描图，1~6 为 9：00 的气孔扫描图片，7~12 为
13：00 的气孔扫描图片，13~18 为 17：00 的气孔扫描图片；B 图为正常条件下气孔开度
的测量结果；C 为高温条件下气孔开度的测量结果）

6.3.6　与离子转运体和离子通道蛋白相关的基因表达分析

定位于植物液泡膜上的 Na^+/H^+ 逆向转运蛋白可以通过对细胞质中多余的
Na^+ 的区隔化而降低 Na^+ 对细胞的毒害。外源 *NHX* 基因的超表达可能会打破细
胞原有的离子平衡，进而改变一些内源离子相关基因的表达量。为此，利用
RT-PCR 方法检测了一些离子相关基因的表达变化（图6-9）。

在 *KcNHX1* 转基因植株中，与 K^+ 转运相关的基因 *AKT1*、*AKT2*、*SPIK1*、
SKOR 及 *TPK1* 的表达都增强，SOS 路径的 *SOS1* 基因也上调表达，同时与 $Cl^-/$
NO_3^- 等阴离子相关的离子通道蛋白 *CLCA1* 基因也上调表达，而且野生型植株
在受到干旱和 NaCl 胁迫后这些基因都上调表达（图 6-9A）。

通过对 Ca^{2+} 转运体或通道蛋白基因的表达分析发现，*CAM4*、*CAX1* 及几个
具有 Ca^{2+} 和 K^+ 通道活性的 *CNGC* 类基因受到诱导表达，同时 *TPC1* 的表达也有
所增强。除此之外，与 IAA 运输相关的 *PIN2* 基因表达也有所增强。而且，在

高温处理下，这些基因在转基因和野生型植株中的表达都受到诱导（图6-9B）。

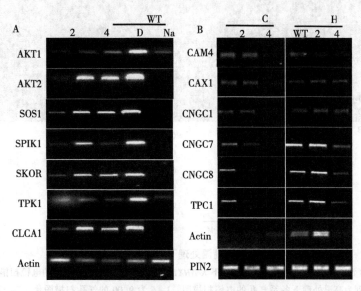

图6-9　与离子转运相关基因的表达分析

（注：A 为与 K^+、Na^+、阴离子转运相关的基因表达；B 为与 Ca^{2+}、IAA 转运相关基因的表达分析；AKT 为 K^+ 转运体；SOS 为质膜 Na^+/H^+ 转运蛋白；SPIK 为 K^+ 通道；SKOR 为 K^+ 外流整理蛋白；TPK 为酪氨酸蛋白激酶；CLCA 为阴离子通道；CAM 为钙调素；CAX 为 $Ca^{2+}-ATPase$；CNGC 为环核苷酸通道；TPC 为双孔通道；PIN 为 IAA 转运蛋白）

6.4　*KcSOS3*、*KcSOS2* 基因的克隆及功能分析

6.4.1　*KcSOS3*、*KcSOS2* 基因的克隆

使花花柴叶片的总 RNA 反转录后 cDNA 作为模板，使用 *KcSOS2*-ORF-F/R 和 *KcSOS3*-ORF-F/R 进行 RT-PCR 扩增过程后，产物使用 1.0% 琼脂糖凝胶电泳检测条带，并得到了清晰明显的单条带。目标基因经克隆测序获得 1 404 bp 和 651bp 的序列，条带位置大小也与期望目标一致（图6-10）。

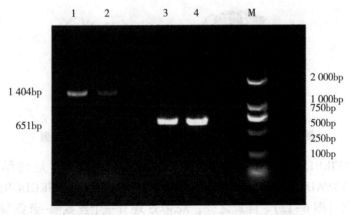

图 6-10　*KcSOS2*、*KcSOS3* *RT-PCR* 扩增产物的凝胶电泳图

（注：M 为 marker2000；1、2 为 *SOS2* 基因；3、4 为 *SOS3* 基因）

6.4.2　*KcSOS3*、*KcSOS2* 生物信息学分析

6.4.2.1　*KcSOS3* 理化性质、结构域

利用 PCR 技术，获得了花花柴 *SOS3* 基因的 ORF 全长。此花花柴 *SOS3* 基因经测序后得到基因长度 651bp，编码一个由 216 个氨基酸组成的蛋白质。ProtParam 预测 *KcSOS3* 基因编码的核苷酸的分子式为 $C_{1111}H_{1723}N_{283}O_{343}S_7$，相对分子质量为 24 757.01，理论等电点为 4.70。*KcSOS3* 蛋白正极残基（Asp+Glu）为 41，负极残基（Arg+Lys）为 25。该蛋白的不稳定系数为 45.08，脂肪系数为 86.62，平均亲水性系数为-0.302，为亲水性蛋白。Inter PROSCAN 与 PROSITE 分析结果一致，显示 *KcSOS3* 蛋白有 3 个 EF-Hand 结构域组成，丝氨酸-苏氨酸蛋白活性位点为 49。

使用 Signa IP 5.0 和 TMHMM 在线分析，一致证明该蛋白无信号肽和跨膜域。SOPMA 分析结果指出，花花柴的 *SOS3* 蛋白质的二级结构一般由 α 螺旋（*alpha helix*，50.46%）、随机卷曲（*random coil*，37.04%）、延伸链（*extended strand*，6.02%）和 β 转角（*beta turn*，6.48%）形成。SWISS-MODEL 预测 *SOS3* 蛋白质的三维结构（图 6-11）。

KcSOS3 含有三个 EF-Hand 结构域：氨基酸位点分别是 68～103、105～140、149～184。氨基酸序列分别为 KRNLFADRIFDFDVNRSGHIDF-SEFVRSLSVF HPK，其中 DVNRSGHIDFSE 是钙结合位点；PQADKVLYAFK-

图 6-11　SWISS-MODEL 预测 *KcSOS3* 蛋白三维模型

LYDLRRTGFIEREELK EMVLALLSE，其中 DLRRTGFIEREE 是钙结合位点；IIESIVDKTFTEADSKGDGRIDQE EWKDYVDKNPSL，其中 DSKGDGRIDQEE 是钙结合位点（图 6-12）。除此之外，*KcSOS3* 还有一个丝氨酸-苏氨酸蛋白活性位点为 D。

```
              10        20        30        40        50        60
1    ATGGGTTGTATATGTTCAACTTCAAAGGAATTTAAAAAGATACCTTCTTTTGATCCTGCT
1      M  G  C  I  C  S  T  S  K  E  F  K  K  I  P  S  F  D  P  A

              70        80        90       100       110       120
61   GAGCTTGCTGCTGAAACCCCTTTTACTGTGAATGAGGTGGAGGCTTTATATGAACTCTTT
21     E  L  A  A  E  T  P  F  T  V  N  E  V  E  A  L  Y  E  L  F

             130       140       150       160       170       180
121  GAGAAACTACAGCTCTGTTGTTGATGATGGGGTTATAGGGAAGGATGAGTTCCACCTG
41     E  K  L  S  S  V  V  D  D  G  V  I  G  K  D  E  F  H  L

             190       200       210       220       230       240
181  GCCTTATTCAGAAATCACGATAAAAGGAACTTGTTTGCAGATCGGATATTTGATCTTTTC
61     A  L  F  R  N  H  D  K  R  N  L  F  A  D  R  I  F  D  L  F

             250       260       270       280       290       300
241  GACGTGAATAGGAGTGGGCATATTGACTTCAGTGAGTTTGTCCGTTCGTTGAGTGTATTT
81     D  V  N  R  S  G  H  I  D  F  S  E  F  V  R  S  L  S  V  F

             310       320       330       340       350       360
301  CATCCAAAAGCTCCTCAAGCAGACAAAGTTTTATATGCATTTAAATTATATGATTTAAGA
101    H  P  K  A  P  Q  A  D  K  V  L  Y  A  F  K  L  Y  D  L  R

             370       380       390       400       410       420
361  CGCACTGGCTTCATTGAACGTGAGGAGTTGAAGGAGATGGTTTTGGCTCTTCTTAGTGAA
121    R  T  G  F  I  E  R  E  E  L  K  E  M  V  L  A  L  L  S  E

             430       440       450       460       470       480
421  TCTGATCTTGTTCTATCAGATGAGATAATTGAATCAATTGTAGATAAGACGTTCACTGAA
141    S  D  L  V  L  S  D  E  I  I  E  S  I  V  D  K  T  F  T  E

             490       500       510       520       530       540
481  GCAGATAGTAAAGGTGATGGTAGGATTGACCAAGAAGAATGGAAAGATTATGTAGACAAG
161    A  D  S  K  G  D  G  R  I  D  Q  E  E  W  K  D  Y  V  D  K

             550       560       570       580       590       600
541  AACCCATCGTTACTGAAGAACATGACTCTTCCTCATTTAATGGACATAACTTTAAGGTTT
181    N  P  S  L  L  K  N  M  T  L  P  H  L  M  D  I  T  L  R  F

             610       620       630       640       650
601  CCAAGCTTTGTGATGAACAGCCAAGTTGAGGAGAGCCAATCAACACCCTAA
201    P  S  F  V  M  N  S  Q  V  E  E  S  Q  S  T  P  *
```

图 6-12　使用 DNAMAN 对 *KcSOS3* 进行核苷酸翻译的氨基酸序列

在 NCBI 中在线比对，分析 *KcSOS3* 氨基酸序列与向日葵（*Helianthus annuus*）SOS3 氨基酸序列一致性为 90.32%，与莴苣（*Lactuca sativa*）SOS3 氨基酸序列一致性为 71.03%，与番茄（*Solanum lycopersicum*）SOS3 氨基酸序列一致性为 67.76%，与大豆（*Glycine max*）SOS3 氨基酸序列一致性为 67.14%，与陆地棉（*Gossypium hirsutum*）SOS3 氨基酸序列一致性为 65.73%，与水稻（*Oryza sativa*）SOS3 氨基酸序列一致性为 64.42%，与拟南芥（*Arabidopsis thaliana*）SOS3 氨基酸序列一致性为 65.28%，与油菜（*Brassica napus*）SOS3 氨基酸序列一致性为 66.99%，与玉米（*Zea mays*）SOS3 氨基酸序列一致性为 62.33%，与谷子（*Setaria italica*）SOS3 氨基酸序列一致性为 61.14%，与苜蓿（*Medicago truncatula*）SOS3 氨基酸序列一致性为 57.08%。

通过 MEME 软件对花花柴 *SOS3* 基因氨基酸序列、拟南芥、玉米、水稻、谷子、大豆、番茄、陆地棉、莴苣、向日葵、苜蓿、油菜的 *SOS3* 氨基酸序列进行结构域预测，共得到 8 个结构域。其中 Mt*SOS3* 中无 Motif 6、Motif 7、Motif 8；Kc*SOS3* 和 Ha*SOS3* 中无 Motif 7；Os*SOS3*、Si*SOS3*、Gh*SOS3* 中无 Motif 7、Motif 8；Zm*SOS3*、Gm*SOS3*、Sl*SOS3*、Ls*SOS3*、Bn*SOS3*、At*SOS3* 的结构域均相似，具有 7 个 Motif 的存在，N 端主要是 Motif 6，C 端主要是 Motif 2（图 6-13）。

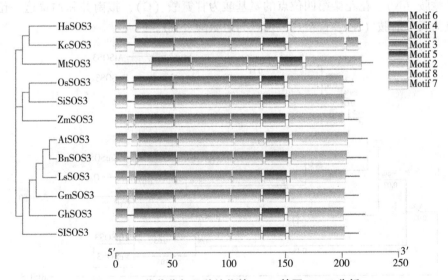

图 6-13 花花柴与几种植物的 *SOS3* 基因 Motif 分析

使用 DNAMAN 对花花柴 *SOS3* 氨基酸序列与拟南芥、玉米、水稻、谷子、大豆、番茄、陆地棉、莴苣、向日葵、苜蓿、油菜进行多序列比对（图6-14）可知，*SOS3*蛋白的丝氨酸-苏氨酸蛋白活性位点花花柴与拟南芥、莴苣、向日葵、苜蓿、油菜、番茄都是天冬氨酸，而玉米、水稻、谷子的*SOS3*蛋白丝氨酸-苏氨酸蛋白活性位点则是赖氨酸。这显示花花柴*SOS3*蛋白丝氨酸-苏氨酸蛋白活性位点与大多数双子叶植物一致，与单子叶植物的*SOS3*蛋白丝氨酸-苏氨酸蛋白活性位点有所区别，推测可能是在系统发育中有进化差异。

*SOS3*蛋白的第一个EF-Hand结构域中的钙结合位点DVNRSGHIDFSE中花花柴与向日葵的第三、五、七位点氨基酸一致，都是天冬酰胺（N）、丝氨酸（S）、组氨酸（H），而其他植物是赖氨酸（K）、天冬酰胺（N）、缬氨酸（V），这显示花花柴与向日葵的*SOS3*蛋白EF-Hand结构域一致性更高，推测亲缘关系可能更近。*SOS3*蛋白的第二个EF-Hand结构域中的钙结合位点DLRRTGFIEREE中花花柴与苜蓿的第五位点氨基酸不一致。花花柴这一位点的氨基酸为谷氨酰胺（Q），而苜蓿的这一位点是苏氨酸（T），虽然氨基酸名称不一致，但都属于极性、中性氨基酸。*SOS3*蛋白的第三个EF-Hand结构域中的钙结合位点DSKGDGRIDQEE中花花柴与玉米、水稻、谷子和大豆的第三位点氨基酸不一致，与拟南芥、油菜、苜蓿第四位点氨基酸不一致。花花柴第三位点的氨基酸为赖氨酸（K），而玉米、水稻、谷子和大豆的这一位点都为天冬酰胺（N）。花花柴第四位点的氨基酸为甘氨酸（G），拟南芥和油菜这一位点为天冬酰胺（N），苜蓿这一位点为组氨酸（H）。

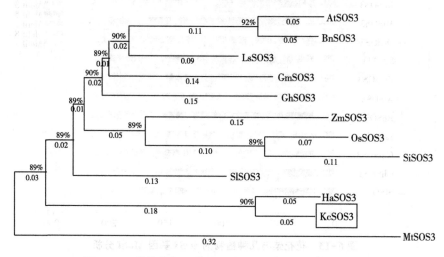

图6-14　花花柴与几种植物的*SOS3*蛋白的系统发育树

利用几种植物 *SOS3* 蛋白质的氨基酸序列，利用 MEGA7.0 采用相邻连接法（neighbour-joining, NJ）建立几种植物与花花柴 *SOS3* 蛋白的系统发育树（图 6-14）。图中显示花花柴 *SOS3* 蛋白与向日葵 *SOS3* 蛋白同源性最高。向日葵属于菊科植物，这表明花花柴符合菊科的形态特征，也表明了它们的遗传关系一致，并遵循生物进化法则，也预示着花花柴类的钙调素 B 类蛋白基因 *SOS3*，在生物进化中保持了比较保守的构造与功能。

6.4.2.2　*KcSOS2* 理化性质、结构域

运用 PCR 技术，获得花花柴 *SOS2* 基因 ORF 全长，基因大小为 1 404 bp，编码 467 个氨基酸组成的蛋白质，PROTPARAM 预测 *KcSOS2* 基因编码的蛋白质的分子式为 $C_{2377}H_{3775}N_{641}O_{689}S_{17}$，相对分子质量为 52 902.02，理论等电点为 8.70，*KcSOS2* 蛋白带正电残基（Asp+Glu）为 60，带负电残基（Arg+Lys）为 66。该蛋白的不稳定系数为 34.36，脂肪系数为 92.23，平均亲水性系数为 −0.227。Inter PROSCAN 与 PROSITE 分析结果一致，显示 *KcSOS2* 蛋白有蛋白激酶域，含有丝氨酸-苏氨酸蛋白激酶活性位点、蛋白激酶 ATP 结合区；还含有一个天冬酰胺-丙氨酸-苯丙酰胺（NAF）结构域。

使用 Signa IP 5.0 和 TMHMM 在线分析一致表明该蛋白无信号肽和跨膜域。SOPMA 分析表明，*KcSOS2* 蛋白二级结构主要由 α 螺旋（*alpha helix*，39.61%）、随机卷曲（*random coil*，31.48%）、延伸链（*extended strand*，19.06%）和少量的 β 转角（*beta turn*，9.85%）组成。SWISS-MODEL 预测 *SOS2* 的蛋白质三维结构，如图 6-15 所示。

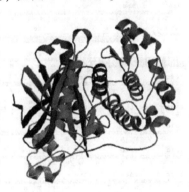

图 6-15　SWISS-MODEC 预测 *KcSOS2* 蛋白三维模型

Inter PROSCAN 与 PROSITE 分析结果一致，显示 KcSOS2 蛋白有蛋白激酶

域氨基酸位点为 33~286，含有丝氨酸–苏氨酸蛋白激酶活性位点：39~71，蛋白激酶 ATP 结合区：152~164；天冬酰胺–丙氨酸–苯丙酰胺（NAF）结构域氨基酸位点为 326~350（图 6-16）。

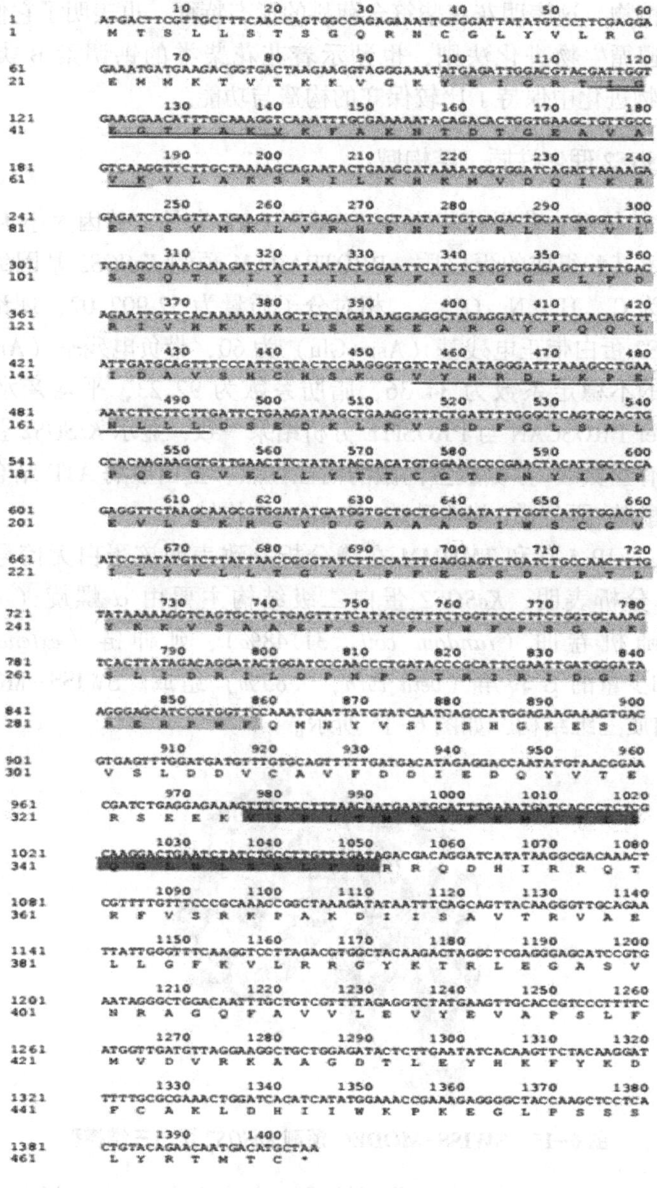

图 6-16　*KcSOS2* 使用 DNAMAN 进行氨基酸翻译的序列

用 NCBI 在线比对，分析 *KcSOS2* 氨基酸序列与向日葵 *SOS2* 氨基酸序列一致性为 90.82%，与莴苣 *SOS2* 氨基酸序列一致性为 85.62%，与苜蓿 *SOS2* 氨基酸序列一致性为 71.01%，与陆地棉 *SOS2* 氨基酸序列一致性为 71.68%，与拟南芥 *SOS2* 氨基酸序列一致性为 70.04%，与油菜 *SOS2* 氨基酸序列一致性为 69.73%，与水稻 *SOS2* 氨基酸序列一致性为 69.16%，与谷子 *SOS2* 氨基酸序列一致性为 69.32%，与玉米 *SOS2* 氨基酸序列一致性为 68.93%，与大豆 *SOS2* 氨基酸序列一致性为 70.55%。

通过 MEME 软件对花花柴、拟南芥、玉米、水稻、谷子、大豆、番茄、陆地棉、莴苣、向日葵、苜蓿、油菜的 *SOS2* 氨基酸序列进行结构域预测，共得到 8 个结构域。其中 Gm*SOS2* 中无 Motif 1、Motif 3；Kc*SOS3* 和 Ha*SOS3*、Os*SOS3*、Si*SOS3*、Gh*SOS3*、Zm*SOS3*、Sl*SOS3*、Ls*SOS3*、Bn*SOS3*、At*SOS3* 的结构域均相似，具有 8 个 Motif 的存在，N 端主要是 Motif 4，C 端主要是 Motif 3（图 6-17）。

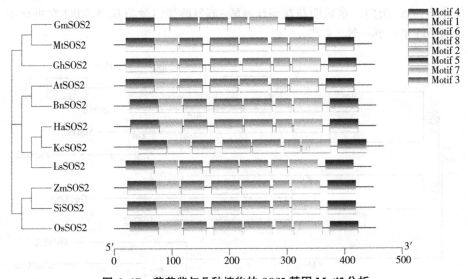

图 6-17　花花柴与几种植物的 *SOS2* 基因 Motif 分析

使用 DNAMAN 进行 *KcSOS2* 的氨基酸序列与大豆、苜蓿、陆地棉、莴苣、玉米、向日葵、拟南芥、水稻、谷子、油菜多序列比对。可知，*SOS2* 蛋白的蛋白激酶 ATP 特征结合区花花柴与大多数植物氨基酸一致性很高，虽然油菜有一个氨基酸不一致，但氨基酸的类型、极性和酸碱性与其他物种的氨基酸一致。这表明花花柴 *SOS2* 蛋白的蛋白激酶 ATP 特征结合区与大多数植物氨基酸序列一致。*SOS* 蛋白的天冬酰胺-丙氨酸-苯丙酰胺（NAF）结构域，第 1 位点氨基酸虽然不一致，但大都是脂肪族类的氨基酸，且其中花花柴与向日葵都是非极性、疏水氨基酸；第 4 位点也不一致，但大都是脂肪族类的氨基酸，且其中花花柴与向日葵都是极性、中性氨基酸。这显示花花柴与向日葵的 *SOS2* 蛋白结构域一致性更高，推测亲缘关系可能更近（图 6-17）。

利用多种植物 *SOS2* 蛋白家族成员的蛋白质序列，运用 MEGA 采用相邻连接法（neighbour-joining，NJ）构建多种植物 *KcSOS2* 蛋白的系统发育树（图 6-18）。图中显示花花柴 *SOS2* 蛋白与向日葵 *SOS2* 蛋白同源性最高，与莴苣 *SOS2* 蛋白为同一个分支上。向日葵、莴苣都属于菊科植物，这说明花花柴符合菊科的特点，表明它们的遗传关系与该物种的遗传关系一致，符合物种进化规律，预示着花花柴丝氨酸-苏氨酸蛋白激酶基因 *SOS2* 在进化中维持着较保守的结构和功能。拟南芥、油菜 *SOS2* 蛋白分支与花花柴分支距离最接近。陆地棉、大豆、苜蓿 *SOS2* 蛋白分支比玉米、水稻、谷子 *SOS2* 蛋白分支更接近花花柴 *SOS2* 蛋白。这表明花花柴丝氨酸-苏氨酸蛋白激酶基因 *SOS2* 在进化中与双子叶植物更一致。

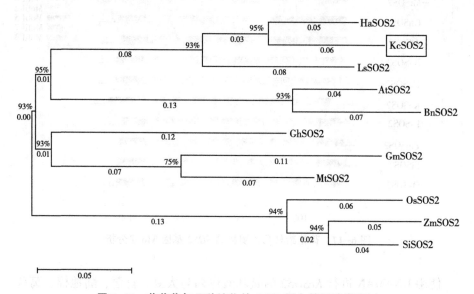

图 6-18　花花柴与几种植物的 *SOS2* 蛋白的系统发育树

6.4.3 *KcSOS3*、*KcSOS2* 的表达模式分析

6.4.3.1 高盐胁迫下花花柴植株 *KcSOS3*、*KcSOS2* 的表达模式分析

通过对上述 2 个基因的表达模式分析发现，盐水未处理下 *KcSOS3* 的表达量根、茎、叶的都高，但明显根中的表达量要高于茎和叶。*KcSOS3* 基因在盐胁迫条件下处理 2h、4h、8h、24h、48h 时，根中的表达量呈现低—高—低趋势。花花柴根部在未处理时 *KcSOS3* 表达量最高；盐胁迫处理 2h 时，表达量下降；随着盐胁迫处理 4h、8h 时，表达量逐渐增加；但当盐胁迫处理时间24h、48h 时，表达量下降。茎中的表达量呈现低—高—低—高趋势，花花柴茎部在未处理时 *KcSOS3* 表达量最高；盐胁迫处理 2h 时，表达量下降；随着盐胁迫处理 4h 时，表达量增加；当盐胁迫处理时间 8h、24h 时，表达量逐渐下降；当盐胁迫处理时间 48h 时，*KcSOS3* 表达量升高。叶中的表达量呈现下降趋势，在未处理时 *KcSOS3* 表达量明显高于其他处理时间（图 6-19）。这显示 *KcSOS3* 基因受到盐胁迫时，根响应盐胁迫敏感，受到胁迫时花花柴根部先表现为不耐受，表达量低；随时间增长植物适应又表现为耐受，表达量增加。但随着时间更长，植株表现不耐受，表达量降低。

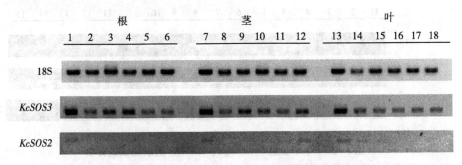

图 6-19 盐碱胁迫下 *KcSOS2*、*KcSOS3* 的表达模式分析
（注：1 是花花柴未浇盐水的根，2、3、4、5、6 是花花柴根在盐胁迫条件下处理 2h、4h、8h、24h、48h；7 是花花柴未浇盐水的茎，8、9、10、11、12 是花花柴茎在盐胁迫条件下处理 2h、4h、8h、24h、48h；13 是花花柴未浇盐水的叶，14、15、16、17、18 是花花柴叶在盐胁迫条件下处理 2h、4h、8h、24h、48h）

盐水未处理下 *KcSOS2* 的表达量根、茎、叶的都高，*KcSOS2* 基因在盐胁迫条件下处理 2h、4h、8h、24h、48h 时，根中 *KcSOS2* 的表达量呈现下降，在

未处理时 *KcSOS2* 表达量明显高于其他处理时间。茎中的表达量呈现低—高趋势，盐胁迫处理在 2h、4h、8h、24h 时，表达量不明显；在盐胁迫处理 48h 时，*KcSOS2* 表达量明显高于其他处理时间。叶中的表达量呈现下降的趋势，在未处理时 *KcSOS2* 表达量明显高于 2h、4h、8h、24h 处理时间（图 6-19）。这显示 *KcSOS2* 基因受到盐胁迫时，根、叶响应盐胁迫明显，处理时间越长时，*KcSOS2* 蛋白表达量降低。

6.4.3.2　干旱胁迫花花柴植株时 *KcSOS3*、*KcSOS2* 的表达模式分析

通过对上述 2 个基因的表达模式分析发现，未干旱处理下 *KcSOS3* 的表达量根、茎、叶的都低。*KcSOS3* 基因在干旱条件下处理 1d、2d、4d、6d 时，根中的表达量呈现高—低趋势；未干旱处理下 *KcSOS3* 表达量低，干旱胁迫处理 1d、2d、4d 时，表达量升高，干旱胁迫 6d 时，表达量下降。茎中的表达量呈现高—低趋势，茎干旱胁迫处理 1d、2d、4d 时，表达量升高，随着干旱胁迫 6d 时，表达量下降。叶中的表达量呈现高—低趋势，干旱胁迫处理 1d、2d、4d 时，表达量升高，干旱条件下处理 2d 时，*KcSOS3* 表达量最高，干旱胁迫 6d 时，表达量下降（图 6-20）。受到干旱胁迫时，*KcSOS3* 表达量增高，随着干旱胁迫时间增长，*KcSOS3* 表达量降低。

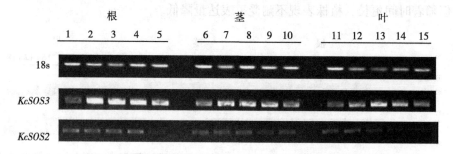

图 6-20　干旱胁迫下 *KcSOS2*、*KcSOS3* 的表达模式分析

（注：1 是花花柴未干旱处理的根，2、3、4、5 是花花柴根在干旱条件下处理 1d、2d、4d、6d；6 是花花柴未干旱处理的茎，7、8、9、10 是花花柴茎在干旱条件下处理 1d、2d、4d、6d；11 是花花柴未干旱处理的叶，12、13、14、15 是花花柴叶在干旱条件下处理 1d、2d、4d、6d）

未干旱处理下 *KcSOS2* 的表达量根、茎、叶的都很低。*KcSOS2* 基因在干旱条件下处理 1d、2d、4d、6d 时，根中 *KcSOS2* 的表达量呈现下降，在未干旱处理时与处理 1d、2d、4d 时，*KcSOS2* 表达量无明显变化，在处理 6d 时，*KcSOS2* 的表达量明显低于其他所有处理。茎中的表达量呈现下降趋势，在未

处理时与处理 1d、2d 时，*KcSOS2* 表达量无明显变化，在处理 4d、6d 时，*Kc-SOS2* 表达量逐渐降低。叶中的表达量呈现下降的趋势，在 4d、6d 时 *KcSOS2* 表达量明显低于未处理时，*KcSOS2* 几乎没有表达量（图 6-20）。这显示 *KcSOS2* 基因受到干旱胁迫时，根响应干旱胁迫不明显，干旱时间较长时，*Kc-SOS2* 蛋白表达量降低；叶响应干旱胁迫的时间较早，干旱胁迫时间越长表达量降低，*KcSOS2* 表达量逐渐减少直至不表达。

6.4.3.3　高温胁迫花花柴植株时 *KcSOS3*、*KcSOS2* 的表达模式分析

通过对上述 2 个基因的表达模式分析发现，室温下 *KcSOS3* 的表达量根、茎、叶的都高。*KcSOS3* 基因在 45℃条件下高温处理 5min、30min、2h、4h 时，根中的表达量呈现低—高趋势，室温下 *KcSOS3* 表达量高，高温处理 5min 时，表达量下降，随着高温处理 30min、2h、4h 时，表达量逐渐增加。茎中的表达量呈现高—低—高趋势，高温处理 5min 时，表达量升高且明显高于其他处理时间，随着高温处理 30min 时，表达量降低，在处理 2h、4h 时，表达量逐渐增加。茎短时间受到高温胁迫时，*KcSOS3* 表达量增高，随着高温胁迫时间增长，植株表现一定的适应性，*KcSOS3* 表达量降低。叶中的表达量呈现下降趋势，室温下 *KcSOS3* 表达量明显高于其他处理时间（图 6-21）。

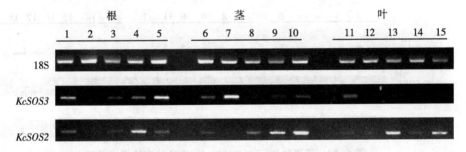

图 6-21　高温胁迫下 *KcSOS2*、*KcSOS3* 的表达模式分析

（注：1 是花花柴室温下的根，2、3、4、5 是花花柴根在 45℃条件下高温处理 5min、30min、2h、4h；6 是花花柴室温下的茎，7、8、9、10 是花花柴茎在 45℃条件下高温处理 5min、30min、2h、4h；11 是花花柴室温下的叶，12、13、14、15 是花花柴叶在 45℃条件下高温处理 5min、30min、2h、4h）

室温下 *KcSOS2* 的表达量根、茎、叶的都很低，*KcSOS2* 基因在 45℃条件下高温处理 5min、30min、2h、4h 时，根中 *KcSOS2* 的表达量呈现低—高—低趋势；室温下 *KcSOS2* 表达量高，高温处理 5min 时，表达量下降；随着高温处理 30min、2h 时，表达量逐渐增加，高温处理 4h 时，表达量下降。茎中的表

达量呈现增高趋势，高温处理 5min 时，表达量下降；随着高温处理 30min、2h、4h 时，表达量逐渐增加。叶中的表达量呈现增高—下降—增高的趋势，高温处理 5min 时，表达量下降；随着高温处理 30min 时，表达量增加；在 2h 时，表达量下降，而 4h 时 *KcSOS2* 表达量增高（图 6-21）。这显示 *KcSOS2* 基因受到高温胁迫时，茎响应高温胁迫敏感，外界温度升高时，*KcSOS2* 蛋白表达量升高。

6.4.3.4 低温胁迫花花柴植株时 *KcSOS3*、*KcSOS2* 的表达模式分析

通过对上述 2 个基因的表达模式分析发现，室温下 *KcSOS3* 的表达量根、茎、叶的都高，但明显根中的表达量要高于茎和叶。*KcSOS3* 基因在 4℃ 条件下低温处理 5min、30min、2h、4h、8h 时，根中的表达量呈现低—高趋势，室温下 *KcSOS3* 表达量高，低温处理 5min、30min、2h 时，根中的表达量无明显变化，低温胁迫 4h 时，表达量降低，低温胁迫 8h 时，根中的表达量增高。茎中的表达量呈现下降趋势，室温 *KcSOS3* 表达量最高，低温处理 5min、30min、2h、4h、8h 时，表达量降低且各处理间表达量无明显变化。低温处理时，叶中的表达量无明显变化（图 6-22）。

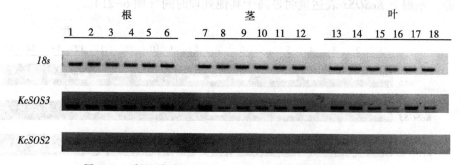

图 6-22 低温胁迫下 *KcSOS2*、*KcSOS3* 的表达模式分析

（注：1 是花花柴室温下的根，2、3、4、5、6 是花花柴根在 4℃ 条件下低温处理 5min、30min、2h、4h、8h；7 是花花柴室温下的茎，8、9、10、11、12 是花花柴茎在 4℃ 条件下低温处理 5min、30min、2h、4h、8h；13 是花花柴室温下的叶，14、15、16、17、18 是花花柴叶在 4℃ 条件下低温处理 5min、30min、2h、4h、8h）

室温下 *KcSOS2* 的表达量根、茎、叶的都高，*KcSOS2* 基因在 4℃ 条件下低温处理 5min、30min、2h、4h、8h，根、茎、叶中 *KcSOS2* 的表达量均呈现下降趋势，在室温下时 *KcSOS2* 表达量明显高于其他处理时间（图 6-22），低温处理 5min、30min、2h、4h、8h 时，*KcSOS2* 几乎不表达。这显示 *KcSOS2* 基因

受到低温胁迫时，根、茎、叶响应低温胁迫不明显，外界温度维持稳定低温时，*KcSOS2* 蛋白表达量几乎没有。

6.4.3.5 渗透胁迫花花柴植株时 *KcSOS3*、*KcSOS2* 的表达模式分析

通过对上述 2 个基因的表达模式分析发现，未用 15% PEG 渗透处理下 *KcSOS3* 的茎中的表达量要高于根和叶。*KcSOS3* 基因在 15% PEG 渗透处理条件下处理 3h、6h、10h、24h、36h 时，根中的表达量呈现低—高趋势，未渗透处理下 *KcSOS3* 表达量高，渗透胁迫处理 3h、6h 时，表达量下降，随着渗透胁迫 10h、24h、36h 时，表达量增多。茎中的表达量呈现高—低—高，茎未处理及处理 3h 时，*KcSOS3* 表达量高，6h 时，表达量下降，随着渗透胁迫 10h、24h、36h 时，表达量增多。叶中的表达量呈现低—高趋势，在处理 3h、6h 时，*KcSOS3* 表达量高，10h 时，*KcSOS3* 表达量最低，随着渗透胁迫 24h、36h 时，表达量增多（图 6-23）。

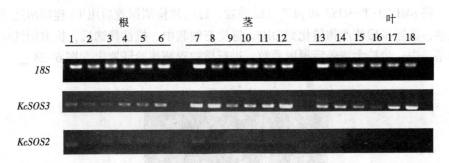

图 6-23　渗透胁迫下 *KcSOS2*、*KcSOS3* 的表达模式分析

（注：1 是花花柴未用 15% PEG 处理的根，2、3、4、5、6 是花花柴根在 15% PEG 条件下处理 3h、6h、10h、24h、36h；7 是花花柴未用 15% PEG 处理的茎，8、9、10、11、12 是花花柴茎在 15% PEG 条件下处理 3h、6h、10h、24h、36h；13 是花花柴未用 15% PEG 处理的叶，14、15、16、17、18 是花花柴叶在 15% PEG 条件下处理 3h、6h、10h、24h、36h）

KcSOS2 基因在 15% PEG 条件下处理 3h、6h、10h、24h、36h 时，根中 *KcSOS2* 的表达量呈现低—高趋势，在 3h 时，*KcSOS2* 的表达量低于其他所有处理，在 6h、10h、24h、36h 时，根中 *KcSOS2* 的表达量无明显变化。茎中的表达量呈现下降趋势，随着处理时间增长，*KcSOS2* 表达量在其他处理时间中逐渐降低。叶中的表达量呈现下降的趋势，在 24h、36h 时 *KcSOS2* 表达量明显低于未处理时，*KcSOS2* 几乎没有表达量（图 6-23）。这显示 *KcSOS2* 基因受到渗透胁迫时，根响应渗透胁迫明显，渗透时间较长时，*KcSOS2* 蛋白表达量

由高到低再到高；叶响应渗透胁迫的时间较早，渗透胁迫时间越长表达量降低。

6.4.4 *KcSOS3*、*KcSOS2* 原核表达载体的构建与遗传转化

6.4.4.1 *KcSOS3*、*KcSOS2* 基因重组质粒的构建

利用 *KcSOS3*-F-*Xba* I 和 *KcSOS3*-R-*BamH* I 进行 RT-PCR。扩增引物通过 1.0%琼脂糖凝胶电泳检测条带，获得清晰明亮的单条带。

利用 *KcSOS2*-F-*Xba* I 和 *KcSOS2*-R-*Hind* Ⅲ进行 RT-PCR。扩增引物通过 1.0%琼脂糖凝胶电泳检测条带，获得清晰明亮的单条。

6.4.4.2 *KcSOS3*、*KcSOS2* 原核表达载体的构建

将 pMD19-T-*SOS3* 和 pET-28a 质粒，经电泳检测回收后用 T4 连接酶进行连接，将连接后的产物转化到 DH5α 感受态细胞中，抗性筛选后，挑取阳性单菌落，进一步扩大培养后提取质粒，进行质粒双酶切验证鉴定（图 6-24）。

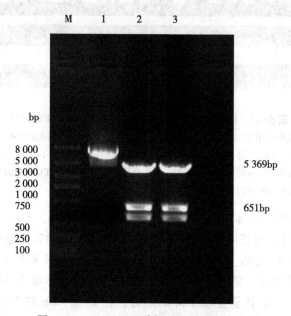

图 6-24 *KcSOS3* 双酶切琼脂糖凝胶电泳图

(注：泳道 M 为 marker8000；泳道 1 为 pET-28a-*SOS3* 质粒；泳道 2、3 为双酶切后 pET-28a、*SOS3*)

将 pMD18-T-*SOS2* 和 pET-28a 质粒，经电泳检测回收后用 T4 连接酶进行连接，连接产物转化 DH5α 感受态细胞，筛选阳性转化子，进一步扩大培养后提取质粒，进行酶切验证（图 6-25）。

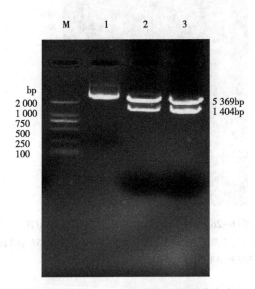

图 6-25 *KcSOS2* 双酶切琼脂糖凝胶电泳图

（注：泳道 M 为 marker 8000；泳道 1 为 pET-28a-*SOS2* 质粒；泳道 2、3 为双酶切后 pET-28a、*SOS2*）

6.4.4.3 *KcSOS3*、*KcSOS2* 原核表达蛋白的提取及 SDS-PAGE

通过经 IPTG 诱导的含有 *KcSOS3* 原核重组子大肠杆菌 BL21 提取蛋白后，进行原核表达蛋白的 SDS-PAGE 检测，结果表明，未得到明显诱导的条带（图 6-26）。

通过经 IPTG 诱导的含有 *KcSOS2* 原核重组子大肠杆菌 BL21 提取蛋白后，进行原核表达蛋白的 SDS-PAGE 检测，结果表明，分别在诱导 4h 和 6h 条件下有较明显的蛋白条带（图 6-27），该条带约为 50 kD，与 *KcSOS2* 基因的编码蛋白条带大小相符，表明 *KcSOS2* 基因可以在 *E. coli* BL21 中表达。

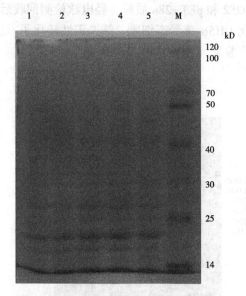

图 6-26 *KcSOS3* 原核表达蛋白 SDS-PAGE

（注：泳道 1、2、3 是 IPTG 诱导 2h、4h、6h 的 BL21-*KcSOS3*-pET28a；4 为未加 IPTG 的 BL21-*KcSOS3*-pET28a；5 为 BL21-pET28a）

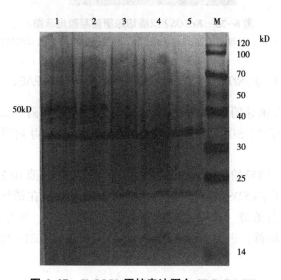

图 6-27 *KcSOS2* 原核表达蛋白 SDS-PAGE

（注：泳道 1、2、3 是 IPTG 诱导 2h、4h、6h 的 BL21-*KcSOS2*-pET28a；4 为未加 IPTG 的 BL21-*KcSOS2*-pET28a；5 为 BL21-pET28a）

6.4.5 *KcSOS3*、*KcSOS2* 真核表达载体的构建与遗传转化

6.4.5.1 *KcSOS3*、*KcSOS2* 真核表达载体的构建

利用设计的引物，使用高保真酶进行 PCR 扩增目的条带。利用 BP 反应试剂盒将基因全长序列通过同源重组的原理构建到中间载体 Pdoner 221 上，重组质粒转化 DH5α 大肠杆菌。提取上述重组质粒，利用 LR 反应试剂盒，将基因全长序列通过同源重组的原理构建到植物表达载体 pK2GW7 上，重组质粒转化 DH5α 大肠杆菌，挑选阳性克隆。

6.4.5.2 *KcSOS3*、*KcSOS2* 真核表达载体转化农杆菌

从 DH5α 大肠杆菌中提取 pK2GW7-*KcSOS3*、pK2GW7-*KcSOS2* 两个基因的质粒，使用冻融法将重组质粒转化到农杆菌中保存。

6.4.5.3 烟草、棉花、拟南芥的无菌苗培养

利用植物组织培养的方法得到烟草无菌苗、棉花无菌苗、拟南芥植株。

6.4.5.4 烟草、棉花、拟南芥无菌苗遗传转化

用成功构建好真核超表达载体的农杆菌侵染烟草无菌苗叶片（图 6-28）。在试验过程中，由于激素配比不合适、农杆菌侵染浓度过高、植物材料光照和温度不足等问题，导致愈伤组织一直没有从生芽产生。农杆菌对棉花下胚轴的侵染见图 6-29。在试验过程中，使用了华中农业大学的棉花改良培养基。但在试验过程中发现单独配制的大量元素的母液过夜会产生沉淀，只能现配现用。

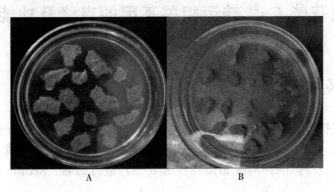

A   B

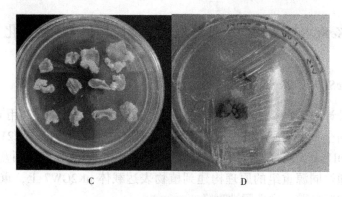

图 6-28 叶盘法侵染烟草叶片

（注：A 为烟草叶片与农杆菌共培养期；B 为烟草叶片筛选培养期；C 为烟草叶片愈伤生长期；D 为烟草叶片愈伤生长期）

图 6-29 农杆菌侵染棉花无菌苗茎段

（注：A 为棉花茎段与农杆菌共培养期；B 为棉花茎段愈伤组织）

6.5 花花柴 Ca²⁺ 转运相关基因的克隆及功能分析

6.5.1 基因家族成员的鉴定

利用生物信息学方法在花花柴常温—高温差异转录组数据中进行分析，结果鉴定到受高温影响差异表达的花花柴 *CBLs* 和 *CIPKs* 基因家族成员分别为 3 和 7 个。通过与拟南芥同源相似性（表 6-6）进行命名，*KcCBLs* 命名为 *Kc-*

CBL1、*KcCBL2*、*KcCBL4*，*KcCIPKs* 命名为 *KcCIPK2*、*KcCIPK5*、*KcCIPK6*、*Kc-CIPK7*、*KcCIPK9*、*KcCIPK*11 和 *KcCIPK24*。

　　KcCBLs 和 *KcCIPKs* 的基本属性：*KcCBLs* 的 CDS 序列长度最短为 *KcCBL1*，其碱基长度为 642bp，编码氨基酸数量为 213AA；序列最长为 *KcCBL4*，碱基长度为 681bp，编码氨基酸数量为 226AA。*KcCIPKs* 的 CDS 序列长度最短为 *KcCIPK6*，碱基长度为 1 287bp，编码氨基酸数量为 428AA；序列最长为 *Kc-CIPK24*，碱基长度 1 404bp，编码氨基酸数量为 467AA。

　　对 *KcCBLs* 的蛋白特征分析显示（表 6-6），3 个 *KcCBLs* 和 7 个 *KcCIPKs* 中，*KcCBL1*、*KcCBL4* 具有棕榈酰化位点与肉豆蔻酰化位点，*KcCBL2* 仅有棕榈酰化位点。7 个 *KcCIPKs* 除了 *KcCIPK2* 没有任何修饰位点外，其他均包含有棕榈酰化位点，其中 *KcCIPK6*、*KcCIPK7*、*KcCIPK9*、*KcCIPK24* 额外含有 1~2 个肉豆蔻酰化位点。

表 6-6　花花柴 *CBLs* 与 *CIPKs* 的蛋白特征

基因名称	拟南芥同源基因/AGI No.	蛋白质长度	pI	分子量（kD）	氨基酸棕榈酰化位点（位置）	氨基酸肉豆蔻酰化位点（位置）
KcCBL1	AtCBL1/At4g17615	214	4.81	24.42	C (3)	G (2)
KcCBL2	AtCBL2/At5g55990	226	4.82	25.98	C(4)C(18)C(19)	—
KcCBL4	AtCBL4/At5g24270	216	4.70	24.76	C (3) C (5)	G (2)
KcCIPK2	AtCIPK2/At5g07070	453	9.14	51.72	—	—
KcCIPK5	AtCIPK5/At5g10930	451	8.36	51.35	C (208) C (219)	
KcCIPK6	AtCIPK6/At4g30960	428	9.15	48.00	C (175)	G (9)
KcCIPK7	AtCIPK7/At3g23000	433	8.47	49.13	C (206) C (433)	G (8)
KcCIPK9	AtCIPK9/At1g01140	464	8.97	52.19	C (8)	G (3) G (7)
KcCIPK11	AtCIPK11/At2g30360	429	8.88	48.43	C (184)	—
KcCIPK24	AtCIPK24/At5g35410	467	8.70	52.90	C (13)	G (9)

　　多序列比对结果显示 3 个 *CBLs* 家族成员均拥有 4 个 EF-Hand Motif，除 *CBL2* 缺少肉豆蔻酰化位点外，所有 *CBL1* 与 *CBL4* 均有该位点，其中 EF-Hand1 在所选用的花花柴、拟南芥、向日葵、莴苣、棉花、大豆、番茄、藜藜苜蓿、水稻和玉米等物种中具有十分保守的 G、E、F，花花柴 *KcCBLs* 内额外保守的位点有 V、D、D、I、K，相较于其他物种有较大变异的位点在 *KcCBL4* 序列上，该基因的蛋白序列在 EF-Hand1 上的第 7 位和第 9 位首次出现了 V 和

G，此外同比其他物种的 *CBL4*，*KcCBL4* 的 EF-Hand1 在第 2、3、11 位也均有不同。在 EF-Hand2 的比对中，相比其他基因 *KcCBL4* 也同样具有明显的序列差异，*KcCBL4* 蛋白的 EF－Hand2 的第 2、4、6、10 位拥有在 10 个物种的 *CBL1*、*CBL2*、*CBL4* 中的唯一的变异。EF-Hand3 的比对显示 *KcCBLs* 与其他物种的 *CBLs* 无较大变异，同样 EF-Hand4 的比对也显示出 *KcCBLs* 在此处较为保守。EF-Hand 的比较结果显示，*KcCBL4* 可能较其他物种的 *CBLs* 有较大差异。PFPF-motif 的比对显示 *KcCBL4* 的 PFPF-motif 的第 13 位首次出现了 H，而其他所有 *CBLs* 在此位置均为 Y，由于 PFPF-motif 负责与互作蛋白的结合相关，所以 *KcCBL4* 可能在互作蛋白的结合方面存在差异。综合结果显示 *KcCBL4* 的功能潜力较大。*CIPKs* 蛋白的比对结果显示，*KcCIPKs* 在激活环部位相较于其他物种更为保守，而 NAF 部位则显示出多种变异模式，这类序列特征可能导致 *KcCIPKs* 拥有更多互作的机会而行使较为相似的一类功能，使之呈现出较广泛的可替代性。

6.5.2 进化树的构建和蛋白序列分析

为了研究花花柴 *KcCBLs-KcCIPKs* 与其他物种的 *CBLs-CIPKs* 之间的进化关系，本研究使用 Neighbor-Joining 方法构建了包含花花柴、拟南芥、向日葵、莴苣、棉花、大豆、番茄、蒺藜、苜蓿、水稻和玉米等物种的可以搜集到的与鉴定出的花花柴 CBLs 和 CIPKs 同源的序列的系统发育树。同时使用 MEME 和 TBtools 绘制了 Motif 分析图。

系统进化树结果显示，3 个 *CBLs* 在进化树中主要被分为两个族群，其中内族包括 *CBL1* 和 *CBL2*，外族则是 *CBL4*。*CBL4* 相比 *CBL1* 和 *CBL2* 处于更加古老的进化地位（图 6-30）。Motif 分析结果显示各个物种的 *CBL1* 和 *CBL4* 拥有相同的结构和 Motif 数量，而 *CBL2* 则多数拥有独特的 Motif 6 序列，可能是其由于缺少肉豆蔻酰化位点而额外拥有另一种疏水结构作为补充导致。*CIPKs* 在系统进化树中（图 6-31）则体现出 3 个主要族群即族 I 为 *CIPK11*、*CIPK7* 和 *CIPK6*，族 II 为 *CIPK9* 和 *CIPK24*，族 III 为 *CIPK2* 和 *CIPK5*，而且单个基因内部的进化树发现 *CIPK* 基因呈现出明显的单子叶植物与双子叶植物间的分离，说明 *CIPKs* 家族可能在单子叶植物与双子叶植物进化分离前即已经存在于植物基因组中。*CIPKs* 的 Motif 分析显示所有 *CIPKs* 均拥有十分相似的 Motif 个数、顺序以及长度，其中略微区别仅是各个 Motif 的空间位置的略微变化，这可能保证了 *CIPKs* 家族在接受信号和行使功能的核心机制。

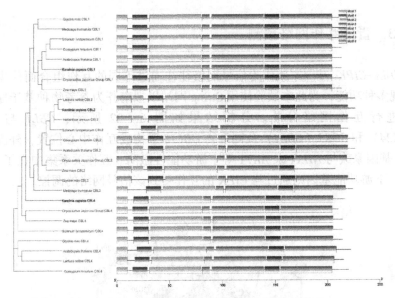

图 6-30 *KcCBLs* 基因的系统进化树以及蛋白结构

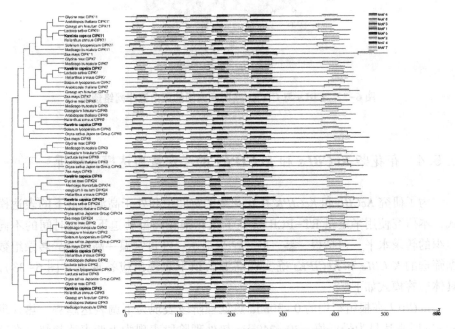

图 6-31 *KcCIPKs* 基因的系统进化树以及蛋白结构

6.5.3 蛋白互作网络预测

CBLs-CIPKs 基因家族作为信号网络往往通过不同的互作组合而使少量基因出现多种功能，为此本试验使用 String 网站以拟南芥为参考物种基于序列相似性进行互作网络分析。分析结果如图 6 - 32 所示，*CBL1* 与 *SOS2*（*CIPK24*）和 *SOS3*（*CBL4*）及同系物 *CBL10* 等构成互作中心位置，外围多为 *CIPKs* 基因家族与 *NHX*1 及 *AKT*1 等下游功能性激酶。互作关系集中在了 *CBL-CIPK*，下游功能基因则通过与 *CIPK* 的互作受到该信号网络的调控。

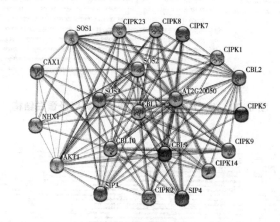

图 6-32　CBLs 与 CIPKs 基因家族间的蛋白互作网络预测

6.5.4 花花柴 *KcCBLs* 和 *KcCIPKs* 的半定量表达模式分析

为了研究 *KcCBL* 和 *KcCIPK* 在花花柴的空间中和处于高温胁迫下的表达模式，本研究使用半定量 RT-PCR 研究了花花柴在高温胁迫下不同时间的不同组织的转录水平，包括根、茎、叶。结果显示，经过常温—高温差异转录组数据筛选的 *KcCBLs* 和 *KcCIPKs* 确实在高温胁迫下表现出应答现象（图 6-33）。具体应答模式如下。

KcCBL1 在根组织中的 0~30min 热处理阶段表现为下调表达趋势，热处理 30min 时表达量为最低值，30~240min 热处理阶段表现为上调表达趋势；在茎组织中 0~30min 的热处理阶段表现为下调表达趋势，30min 热处理时表达量为

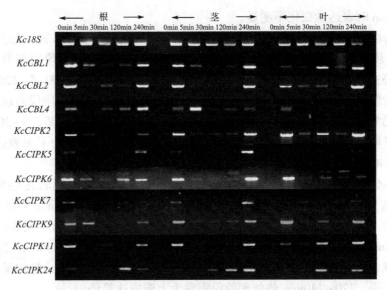

图6-33 *CBLs* 与 *CIPKs* 的半定量 RT-PCR 电泳结果

最低值，30~240min 的热处理阶段表现为上调表达趋势；在叶组织中 0~5min 的热处理阶段表现为下调表达趋势，5~30min 热处理阶段为上调表达趋势，30~120min 热处理阶段为下调表达趋势，120~240min 热处理阶段为上调表达趋势。

KcCBL2 在根组织中的 0~5min 热处理阶段表现为下调表达趋势，5~30min 热处理阶段表现为上调表达趋势，30~120min 热处理阶段表现为下调表达趋势，120~240min 热处理阶段表现为上调表达趋势；在茎组织中 0~5min 热处理阶段表现为下调表达趋势，5~120min 热处理阶段相比 5min 时表达量变化不明显，120~240min 热处理阶段表现为上调表达趋势；在叶组织中 0~5min 的热处理阶段表现为下调表达趋势，5~30min 热处理阶段表达量变化不明显，30~120min 热处理阶段表现为下调表达趋势，120~240min 热处理阶段表现为上调表达趋势。

KcCBL4 在根组织中的 0~5min 热处理阶段表现为下调表达趋势，5~240min 热处理阶段表现为上调表达趋势；在茎组织中 0~5min 热处理阶段表现为上调表达趋势，5~30min 热处理阶段表现为下调表达趋势，30~240min 热处理阶段表现为上调表达趋势；在叶组织中 0~5min 的热处理阶段表现为下调表达趋势，5~30min 热处理阶段表现为上调表达趋势，30~240min 热处理阶段相

比 30min 时表达量变化不明显。

KcCIPK2 在根组织中的 0～5min 热处理阶段表现为下调表达趋势，5～30min 热处理阶段表现为下调表达趋势，30～240min 热处理阶段表现为上调表达趋势；在茎组织中 0～5min 热处理阶段表现为下调表达趋势，5～120min 热处理阶段相比 5min 时表达量变化不明显，120～240min 热处理阶段表现为上调表达趋势；在叶组织中 0～5min 热处理阶段表现为下调表达趋势，5～30min 热处理阶段表现为上调表达趋势，30～120min 热处理阶段表现为下调表达趋势，120～240min 热处理阶段表现为上调表达趋势。

KcCIPK5 在根组织中的 0～5min 热处理阶段表现为下调表达趋势，5～120min 热处理阶段相比 5min 时表达量变化不明显，120～240min 热处理阶段表现为上调表达趋势；在茎组织中 0～5min 热处理阶段表现为下调表达趋势，5～120min 热处理阶段相比 5min 时表达量变化不明显，120～240min 热处理阶段表现为上调表达趋势；在叶组织中 0～120min 热处理阶段表达量均呈现较低表达水平，120～240min 热处理阶段表现为上调表达趋势。

KcCIPK6 在根组织中的 0～30min 热处理阶段表现为下调表达趋势，30～240min 热处理阶段表现为上调表达趋势；在茎组织中 0～5min 热处理阶段表现为下调表达趋势，5～120min 热处理阶段相比 5min 时表达量变化不明显，120～240min 热处理阶段表现为上调表达趋势；在叶组织中 0～5min 热处理阶段表现为下调表达趋势，5～30min 热处理阶段表现为上调表达趋势，30～120min 热处理阶段表现为下调表达趋势，120～240min 热处理阶段表现为上调表达趋势。

KcCIPK7 在根组织中的 0～5min 热处理阶段表现为下调表达趋势，5～240min 热处理阶段表现为上调表达趋势；在茎组织中的 0～5min 热处理阶段表现为下调表达趋势，5～120min 热处理阶段相比 5min 时表达量变化不明显，120～240min 热处理阶段表现为上调表达趋势；在叶组织中整体呈现较低表达水平，但总体变化趋势仍然表现为上调表达趋势。

KcCIPK9 在根组织中的 0～5min 热处理阶段表达量相比 0min 时无明显变化，5～30min 热处理阶段表现为下调表达趋势，30～120min 热处理阶段表达量相比 30min 时变化不明显，120～240min 热处理阶段表现为上调表达趋势；在茎组织中 0～5min 热处理阶段表现为下调表达趋势，5～120min 热处理阶段相比 5min 时表达量变化不明显，120～240 热处理阶段表现为上调表达趋势；在叶组织中的 0～5min 热处理阶段表现为下调表达趋势，5～30min 热处理阶段表现为上调表达趋势，30～120min 热处理阶段表现为下调表达趋势，120～

240min 热处理阶段表现为上调表达趋势。

KcCIPK11 在根组织中的 0～5min 热处理阶段表现为下调表达趋势，5～30min 热处理阶段表现为上调表达趋势，30～120min 热处理阶段表现为下调表达趋势，120～240min 热处理阶段表现为上调表达趋势；在茎组织中的 0～30min 热处理阶段表现为下调表达趋势，30～240min 热处理阶段表现为上调表达趋势；在叶组织中的 0～5min 热处理阶段表现为下调表达趋势，5～30min 热处理阶段表现为上调表达趋势，30～120min 热处理阶段表现为下调表达趋势，120～240min 热处理阶段表现为上调表达趋势。

KcCIPK24 在根组织中的 0～5min 热处理阶段表现为下调表达趋势，5～120min 热处理阶段表现为上调表达趋势，120～240min 热处理阶段表现为下调表达趋势；在茎组织中 0～5min 热处理阶段表现为上调表达趋势，5～240min 热处理阶段表现为上调表达趋势；在叶组织中 0～5min 热处理阶段表现为下调表达趋势，5～30min 表现为上调表达趋势，30～120min 热处理阶段表现为下调表达趋势，120～240min 表现为上调表达趋势。

6.5.5 花花柴 *KcCBLs* 和 *KcCIPKs* 的互作研究

许多关于 *CBL-CIPK* 信号通路的研究表明，一些 *CIPK* 会在特定的空间和时间与 *CBL* 蛋白相互作用，而在植物体外由于结构特征的相互吸引和促进也可以发生相互作用。为了研究 *KcCBL* 与 *KcCIPK* 蛋白的相互作用偏好，本试验采用了酵母双杂系统，克隆了 3 个 *KcCBLs* 和 7 个 *KcCIPKs*，分别插入 pGBKT7 和 pGADT7 载体。

通过蛋白点对点分析发现，在二缺筛选培养基上（SD-DO）所有转化酵母均生长正常，说明两个酵母载体共转化成功，而四缺培养基（SD-QDO）上，T-53 阳性对照有生长，而 T-Lam 阴性对照没有生长，共转化了 *KcCBL-KcCIPK* 的酵母有部分没有生长，这部分本试验鉴定为未发生蛋白互作的组合。其中 *KcCBL2* 与 *KcCIPK2*、*KcCIPK9*、*KcCIPK11* 和 *KcCIPK24* 的共转化酵母没有生长酵母菌菌落，*KcCBL4* 与 *KcCIPK9* 的共转化酵母没有生长酵母菌菌落（图 6-34）。

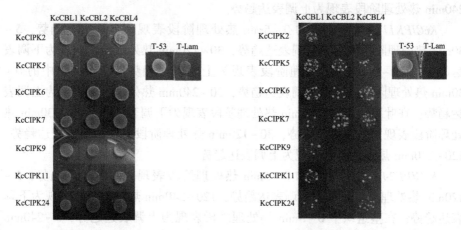

图 6-34 *KcCBLs* 与 *KcCIPKs* 酵母双杂结果

6.6 花花柴叶表皮蜡质合成相关基因的克隆及功能分析

6.6.1 *KcFAD2*、*KcP450-77A*、*KcHHT* 基因的克隆

以花花柴逆转录 cDNA 为模板,通过 1%琼脂糖凝胶电泳检测扩增产物 *Kc-FAD2*、*KcP450-77A*、*KcHHT*、18S 的引物序列参照表 6-2,分别扩增出 1 521 bp、1 347bp 和 1 152 bp 三条带,条带大小与预期相符(图 6-35)。

6.6.2 *KcFAD2*、*KcP450-77A*、*KcHHT* 的生物信息学分析

6.6.2.1 *KcP450-77A*、*KcHHT*、*KcFAD2* 的 CDS 全长序列分析

运用分子克隆技术,获得花花柴上述基因的 CDS 全长,其中 *KcP450-77A* 基因 CDS 为 1 521bp,编码 506 个氨基酸;*KcHHT* 基因 CDS 为 1 347bp,编码 448 个氨基酸;*KcFAD2* 基因 CDS 为 1 152bp,编码 384 个氨基酸。分别通过氨基酸序列比对,与 NCBI 数据库中多种植物的 *P450-77A*、*HHT*、*FAD2* 基因具有较高的同源性,说明花花柴以上三个基因为 *P450-77A*、*HHT*、*FAD2* 的同源

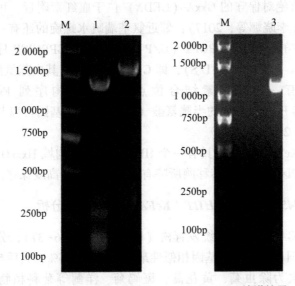

图 6-35　*KcP450-77A*、*KcHHT*、*KcFAD2* PCR 扩增结果

(注：M 代表 DL2000 DNA Marker；1 代表 *KcHHT*；2 代表 *KcP450-77A*；3 代表 *KcFAD2*)

基因，故对其命名为 *KcP450-77A*、*KcHHT*、*KcFAD2*，提交至 Genebank，获得登录号分别为 MW528399、MW528400、MW528401。

6.6.2.2　*KcFAD2*、*KcP450-77A*、*KcHHT* 的序列比对及保守结构域

利用 Clustal X 软件将花花柴 *KcFAD2*、*KcP450-77A*、*KcHHT* 与其他物种的 50 个 FAD2、P450-77A、HHT 蛋白分别进行多序列比对，通过 MEME 分析保守基序，具体的参数为默认值，其分析结果如下。

（1）*KcFAD2* 蛋白共有 3 个保守的组氨酸基序，第一个保守的组氨酸基序为 HV（A/T）HH，在它的两边存在有 2 个高度保守的基序 EWDWLRGALAT 和 LFSTMPHYHAMEA；第二个保守的组氨酸基序为 HECGHH；第三个保守的组氨酸基序为 HRRHH；且花花柴 *KcFAD2* 不存在内质网滞留基序 KDEL；此外还发现一个与逆境相关的顺式作用元件 TGACG-motif。据有关报道，这些保守的组氨酸基序可能是一种铁离子结合位点（温世杰等，2017）。

（2）在 KcP450-77A 蛋白上存在一些 P450-77A 特有的保守结构，如 C-螺旋序列 WxxxR（WRSLR、WAIAR）；K-螺旋序列 ExxR（EQRR、ELLR）和 PxRF（PDRF），其中螺旋 K 区中的谷氨酸（E）和精氨酸（R）完全保守，

且螺旋 K 含有绝对保守的 GxxA （GEDA） 位于血红素附近，可能起稳定核心结构的作用 （李晓娜等，2017）；邻近氨基端疏水螺旋的还有一个富含有脯氨酸 （P） 的保守区 （P/I） PGPx （G/P） xP，即 PPGPPGWP 序列；I-螺旋序列 （A/G） Gx （D/E） T （T/S），即 GGTDTT 序列，其中苏氨酸 （T） 高度保守；此外还有一个血红素结合位点的保守结构序列 FxxGxRxCxG，即 FGVGRRICPG 序列，其中的半胱氨酸 （Cys） 的 SH 基因可以与血红素共价结合 （温国琴，2013）。

（3） 在 KcHHT 蛋白上具有一个 HHT 的保守结构域 HxxxD，即 HATFD 基序，这个保守区域为酰基转移酶所特有，且在植物中高度保守。

6.6.2.3 *KcP450-77A*、*KcHHT*、*KcFAD2* 的同源性分析

利用 MEGA6.0 构建系统发育树 （图 6-36 和图 6-37），分析发现花花柴 *KcFAD2* 与向日葵的 FAD2 基因相似性最高，为 90.86%，其后与花花柴相似性从高到低依次为除虫菊、黄花蒿、斑鸠菊、洋蓟等菊科植物，其相似性在 88.74%~90.34%。花花柴 *KcP450-77A* 与向日葵的 P450-77A 基因相似性最

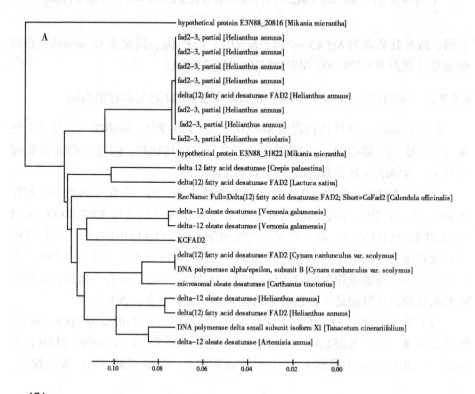

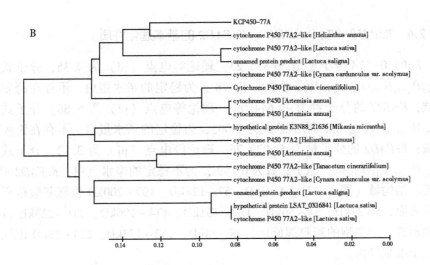

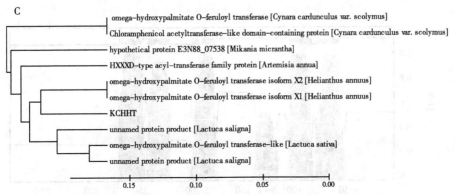

图 6-36　KcFAD2、KcP450-77A、KcHHT 的系统发育树

（注：A：KcFAD2，B：KcP450-77A，C：KcHHT）

高，为 90.32%，其后与花花柴相似性从高到低依次为莴苣、除虫菊、洋蓟、黄花蒿等菊科植物，其相似性在 86.17% ~ 89.40%。花花柴 KcHHT 与莴苣的 HHT 基因相似性最高，为 86.50%，其后与花花柴同源性从高到低依次为向日葵、黄花蒿、洋蓟、薇甘菊等菊科植物，其相似性在 82.34% ~ 86.06%。花花柴、向日葵、莴苣、除虫菊、洋蓟、黄花蒿、斑鸠菊、薇甘菊等均为菊科植物，且氨基酸序列高度一致，表明它们的遗传关系与该物种的遗传关系一致，预示着花花柴蜡质合成相关基因 KcFAD2、KcP450-77A、KcHHT 在进化中维持着较保守的结构和功能。

6.6.2.4 *KcP450-77A*、*KcHHT*、*KcFAD2* 的基本理化性质

KcP450-77A 分子量是 56 875.23，理论等电点（pI）为 9.35，分子式为 $C_{2\,565}H_{4\,079}N_{689}O_{721}S_{24}$，原子总数为 8 078，为稳定的亲水蛋白，不存在跨膜结构域；*KcHHT* 的分子量为 49 644.08，理论等电点（pI）为 5.68，分子式为 $C_{2\,252}H_{3\,505}N_{583}O_{694}S_{16}$，原子总数为 7 005，为稳定的亲水蛋白，不存在跨膜结构域；*KcFAD2* 的分子量为 43 979.76，理论等电点（pI）为 8.72，分子式为 $C_{2\,046}H_{3\,071}N_{519}O_{541}S_{12}$，原子总数为 6 189，为不稳定的亲水蛋白，*KcFAD2* 有 5 个跨膜结构域（图6-37）：1~4kD、57~128kD、197~200kD 位氨基酸位于细胞膜表面，5~27kD、34~56kD、129~151kD、174~196kD、201~223kD 位氨基酸形成一个典型的跨膜螺旋区，28~33kD、152~173kD、224~33kD 位氨基酸位于细胞膜内。

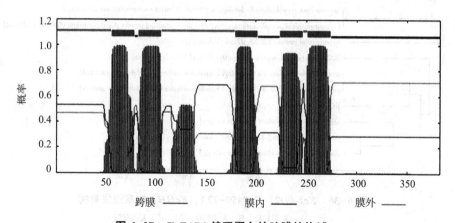

图 6-37　*KcFAD2* 编码蛋白的跨膜结构域

6.6.3 *KcFAD2*、*KcP450-77A*、*KcHHT* 的表达模式分析

通过对 40℃高温处理下花花柴叶片在不同时间段的形态特性观察（彩图 6-38A），发现伴随处理时间的延长，叶片的损伤程度逐渐增加。在处理 0h、0.5h、2h、4h、8h、16h 时，花花柴表现出了良好的耐高温特性，其叶片表型没有明显的变化；在处理 24h 时仍具有一定的耐高温能力，但叶片发生轻微的卷叶、叶片停止伸展；当高温处理 48h 时，花花柴植株生长点明显脱水萎蔫、

新叶脱水黄化、植株开始倒伏。此现象表明在高温胁迫下，植物在一定的时间内可以通过自身的调控能力来适应逆境胁迫，但随着时间的延长，植物体由于受伤而使得自身调控能力失衡，导致叶片细胞受到伤害、植物大量失水，严重时植物会发生不可逆的伤害而直接死亡。

通过对上述 3 个基因在 40℃ 高温处理下不同时间点的表达模式分析发现，3 个基因的表达均表现为高—低—高的趋势，其中，*KcP450-77A* 基因在 40℃ 处理 8h 时表达量最高，*KcHHT* 基因处理 4h 时表达量最高，*KcFAD2* 基因处理 16h 时表达最为显著。表明花花柴表皮蜡质合成相关基因的表达受高温影响，表现出胁迫—诱导—适应的特性，这种应激反应与植物受到环境胁迫时的生理反应一致（彩图 6-38B）。

6.7　花花柴激素合成相关基因的克隆及功能分析

6.7.1　*KcbHLH71* 基因的克隆及测序

根据花花柴转录组 unigene 序列，克隆得到花花柴 *KcbHLH71* 基因 cDNA 全长后，酶切、回收后电泳检测，切出 1 000bp 左右片段，与预期大小一致（图 6-39A）。经过测序确认该基因的 cDNA 全长为 1 038bp，编码 345 个氨基酸（图 6-39B）。

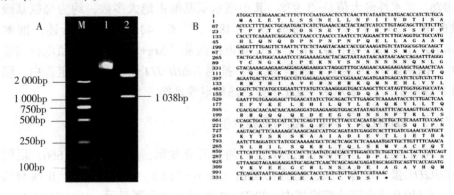

图 6-39　*KcbHLH71* 的克隆及测序

（注：A 为 *KcbHLH71*-TA 酶切电泳图（1 为 PGEM 载体质粒；2 为 *KcbHLH71* 酶切产物；M 为 DL2000 DNA Marker）；B 为 *KcbHLH71* 基因测序）

6.7.2 *KcbHLH71* 基因的生物信息学分析

6.7.2.1 *KcbHLH71* 基因及其编码的蛋白质序列预测分析

序列比对结果显示，该氨基酸序列与菊科的向日葵 *HabHLH*71（*Helianthus annuus*，XP_021969358.1）、莴苣 *LabHLH*71（*Lactuca sativa*，XP_023736210.1）的氨基酸序列的相似性最高，亲缘关系最近，分别为 88% 和 83%；同时利用 SMART 对该序列预测结果显示：HLH 家族的保守结构位于 *KcbHLH* 蛋白质序列的 137~188 区域。综上所述，确定所获得的基因为碱性螺旋-环-螺旋转录因子，命名为 *KcbHLH*71。*KcbHLH*71 与其他物种的 *bHLH* 进行多序列比对分析显示，保守结构域在 *KcbHLH*71 基因的 C 末端 HLH 区域与其他物种高度保守，推测其他植物和花花柴的 *bHLH* 基因进化起源相同，结构相似，表明也可能具有相同的功能。20 个科 43 种植物的 *bHLH* 进行聚类分析表明，大多数科植物的 *bHLH* 能够单独聚类，表明 bHLHs 蛋白能够应用于植物的系统发育分析。

6.7.2.2 *KcbHLH71* 理化性质及结构预测分析

利用 ProParam 软件分析显示：*KcbHLH*71 的分子量是 38.8kD，理论等电点（pI）为 6.8。组成 *KcbHLH*71 蛋白的氨基酸比例预测，发现其中酸性氨基酸 24 个（7%），疏水性氨基酸 58 个（17%），亲水性氨基酸 142 个（41%）（图 6-40A）；同时 ProtScale 软件分析显示，该蛋白疏水性最大值是 1.976，亲水性最大值是-3.978，其中亲水氨基酸占绝大多数，约为总氨基酸数的 61.42%，总亲水平均值是 -0.482（图 6-40B）。综上所述，推测 *KcbHLH*71 为酸性可溶性蛋白。35 个正电荷残基（Arg+Lys），36 个负电荷残数（Asp+Glu）。不稳定指数是 58.75，推测 *KcbHLH*71 蛋白是不稳定蛋白。脂肪系数是 81.71，表示 *KcbHLH*71 蛋白热稳定性良好。

6.7.2.3 *KcbHLH71* 的高级结构预测分析

利用 SignalP 预测 *KcbHLH*71 蛋白的信号肽显示，mean S 是 0.666，说明 *KcbHLH*71 蛋白有信号肽，是分泌蛋白（图 6-41A）。利用 POSRT Ⅱ 预测显示：*KcbHLH* 蛋白定位细胞核内。TMHMM 跨膜软件预测显示，*KcbHLH*71 蛋白不含跨膜结构。因此，推测该蛋白属于分泌型蛋白，并在胞外参与响应高温胁迫的生物学过程。

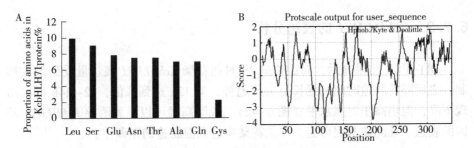

图 6-40 *KcbHLH71* 的理化性质及结构预测

（注：A 为 *KcbHLH71* 蛋白中各氨基酸的比例预测；B 为 *KcbHLH71* 氨基酸疏水性/亲水性预测）

利用 SOPMA 软件对该蛋白二级结构分析显示：该蛋白组成是无规则卷曲（Cc）（48.12%），α 螺旋（Hh）（35.94%），β 折叠（Ee）（13.91%）和 β 转角（Tt）（2.03%）（图 6-41B）。4 种结构类型中无规则卷曲和 α 螺旋是主要构成元件，β 转角含量较少。

Phyre2 对 *KcbHLH71* 蛋白的三级结构预测结果：可以清楚看到该蛋白的第 1 个 α 螺旋位于第 2 个 α 螺旋之下，2 个 α 螺旋之间被一个环状结构折叠间隔，既有螺旋-环-螺旋的 DNA 结合结构域，这种结构有利于范德华力作用以及氢键的形成（图 6-41C）。

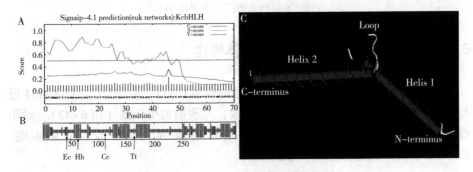

图 6-41 *KcbHLH71* 的高级结构预测

（注：A 为 *KcbHLH71* 氨基酸信号肽预测；B 为 *KcbHLH71* 的二级结构预测（Ee 为 β 折叠；Hh 为 α 螺旋；Cc 为无规则卷曲；Tt 为 β 转角）；C 为 *KcbHLH71* 蛋白三级结构预测）

6.7.3 *KcbHLH71* 的表达分析

qRT-PCR 结果显示，高温胁迫 2h 时花花柴 *KcbHLH71* 表达量受到最大抑制，之后随着胁迫时间的延长呈上升趋势，当 12h 达到峰值，12~24h 再次出现下降，但仍高于对照水平（图 6-42）。说明高温可以显著诱导 *KcbHLH71* 基因的表达，推测该基因可能参与花花柴响应高温胁迫的正调控。

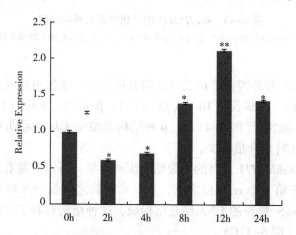

图 6-42 高温胁迫下，花花柴 *KcbHLH71* 的表达模式分析

（注：$*$ 为 $P<0.05$；$**$ 为 $P<0.01$）

6.7.4 *KcbHLH71* 的过量表达载体构建

分别用 *MluI* 和 *SacI* 两个内切酶将融合载体 OE35S-*KcbHLH*71-LBA4404 进行酶切验证，分别切出 1 000bp 左右片段，与预期大小一致（图 6-43）。对阳性质粒送测序公司测序，测序结果与目的条带大小一致。结果表明，*KcbHLH*71 基因的超表达载体构建成功。

6.7.5 *KcAPSK* 基因 TA 克隆及测序

以反转录获得的 cDNA 为模板，对基因进行 PCR 扩增，扩增电泳检测片段大小，结果如图 6-44 所示，经测序确认 *KcAPSK* 全长为 870bp，共编码 290 个氨基酸残基。

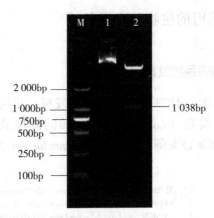

图 6-43　酶切检测 *KcbHLH71* 过量表达载体的构建

［注：*KcbHLH71*-OE 酶切电泳图（1 为 OE 载体质粒；2 为 *KcbHLH71*-OE 酶切产物；M 为 DL2000 DNA Marker）］

```
1    ATGACGACCGCCGGAAAAATCTCATTTCTTTCTACTTCTTCGCCGGTGTTCGACTCTTTT
1     M  T  T  A  G  K  I  S  F  L  S  T  S  S  P  V  F  D  S  F
61   GACCACCTACTAACCAAGTCAAAGTTTACAAATTTTCGGACGACGTCTGTTTTGAAGAAT
21    D  H  L  L  T  K  S  K  F  T  N  F  R  T  T  S  V  L  K  N
121  CTGGCCCCCAAGATAGGAGGCTTCCAGGACGCCGTCTTATAAAGTCGATGTTGAA
41    L  A  P  I  K  A  M  E  A  S  R  T  P  S  Y  K  V  D  V  E
181  GTCAAGCCGAACGGACGTACAGTTACGGATGATTCTGATGATTCCAACGGTTCGATTCTT
61    V  K  P  N  G  R  T  V  T  D  D  S  D  D  S  N  G  S  I  L
241  CCGAAAACCTTGAAGAATGGAAAGGGATCCACGAAGATTGTTTGGCATCAATCTTCAGTC
81    P  K  T  L  K  N  G  K  G  S  T  K  I  V  W  H  Q  S  S  V
301  GGGAAAATTGATAGGCAGGATTTGCTTCAGCAAAAGGTTGTGTTATTGGATTACTGGC
101   G  K  I  D  R  Q  D  L  L  Q  Q  K  G  C  V  I  W  I  T  G
361  CTTAGTGGTTCAGGAAGAGCACTGTGGCTAATGCGTTAATCTGGAGCACTCCATGCTCGT
121   L  S  G  S  G  K  S  T  V  A  N  A  L  T  G  A  L  H  A  R
421  GGAAAGCTTACATATATCCTCGATGGTGATAATGTTAGACATGGTCTTAATGGTGATCTT
141   G  K  L  T  Y  I  L  D  G  D  N  V  R  H  G  L  N  G  D  L
481  ACTTTTAAAGCCGAAGATCGTGCAGAAAAATAAGAAGAATTGGAGAGGTAGCTAAGCTA
161   T  F  K  A  E  D  R  A  E  N  I  R  R  I  G  E  V  A  K  L
541  TTTGCGGATGCTGGAGTTATTTGCATAGCTAGTGTGATATCTCCCTACAGAAAAGATCGT
181   F  A  D  A  G  V  I  C  I  A  S  V  I  S  P  Y  R  K  D  R
601  GATGCTTGTCGATCTATACTTCCAAATGGAGACTTTATTGAGGTCTACATGGACATCCCT
201   D  A  C  R  S  I  L  P  N  G  D  F  I  E  V  Y  M  D  I  P
661  CTACGTGTATGTGAGGCGAGGGACCCAAAAGGCTTATACAAGCTTGCACGTGCTGGAAAG
221   L  R  V  C  E  A  R  D  P  K  G  L  Y  K  L  A  R  A  G  K
721  ATTAAAGGTTTTACTGGGATCGATGATCCATATGAACCTCCTTAAATTCTGAGTTGTA
241   I  K  G  F  T  G  I  D  D  P  Y  E  P  P  L  N  S  E  I  V
781  TTACAACAGGAAGGAGAGGTTTGTCCACCACCTGATGCTATGGCTGAGAAAGTGATTTCT
261   L  Q  Q  E  G  E  V  C  P  P  P  D  A  M  A  E  K  V  I  S
841  TATTTGGAAGCAAAAGGGTATCTACATGCATAG
281   Y  L  E  A  K  G  Y  L  H  A  *
```

图 6-44　*KcAPSK* 基因的克隆及测序

6.7.6 *KcAPSK* 基因的生物信息学分析

6.7.6.1 *KcAPSK* 基因的系统发育树分析

如图 6-45 所示，在 *KcAPSK* 系统发育树中发现，花花柴 *KcAPSK* 基因的氨基酸序列与菊科植物莴苣（*Lactuca sativa*）的同源性最高，其次为向日葵（*Helianthus annuus*）和刺苞菜蓟（*Cynara cardunculus* var. *Scolymus*）等植物。

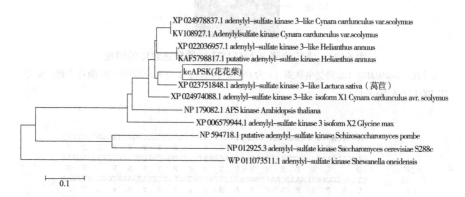

图 6-45 *KcAPSK* 系统发育树

6.7.6.2 *KcAPSK* 基因的理化性质

利用 ProParam 软件分析显示：*KcAPSK* 的分子量是 31.6kD，理论等电点（pI）为 8.67。预测分子式为 $C_{1\,396}H_{2\,248}N_{388}O_{427}S_9$，分析表明，该基因编码的蛋白质分子量为 4 468 。组成 *KcAPSK* 蛋白的氨基酸比例预测（图 6-46A），其中，丙氨酸（Ala）22 个，占总数的 7.6%；精氨酸（Arg）15 个，占总数的 5.2%；天冬酰胺（Asn）11 个，占总数的 3.8%；天冬氨酸（Asp）22 个，占总数的 7.6%；半胱氨酸（Cys）5 个，占总数的 1.7%；谷氨酰胺（Gln）6 个，占总数的 2.1%；谷氨酸（Glu）13 个，占总数的 4.5%；甘氨酸（Gly）24 个，占总数的 8.3%；组氨酸（His）5 个，占总数的 1.7%；异亮氨酸（Ile）20 个，占总数的 6.9%；亮氨酸（Leu）25 个，占总数的 8.6%；赖氨酸（Lys）24 个，占总数的 8.3%；蛋氨酸（Met）4 个，占总数的 1.4%；苯丙氨酸（Phe）9 个，占总数的 3.1%；脯氨酸（Pro）15 个，占总数的

5.2%；丝氨酸（Ser）23个，占总数的7.9%；苏氨酸（Thr）18个，占总数的6.2%；色氨酸（Trp）2个，占总数的0.7%；酪氨酸（Tyr）8个，占总数的2.8%；缬氨酸（Val）19个，占总数的6.6%。其中酸性氨基酸（35个，12%）。

同时ProtScale软件分析显示，该蛋白疏水性最大值是2.778，亲水性最大值是-2.422，其中亲水氨基酸占绝大多数（图6-46B）。综上所述，推测 *KcAPSK* 为酸性可溶性蛋白。39个正电荷残基（Arg+Lys），35个负电荷残数（Asp+Glu）。不稳定指数是28.79，推测 *KcAPSK* 蛋白是稳定蛋白。脂肪系数是87.10，表示 *KcAPSK* 蛋白热稳定性良好。

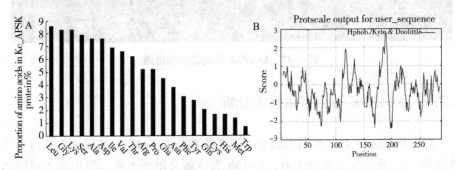

图6-46　*KcAPSK* 的理化性质及结构预测

（注：A为 *KcAPSK* 蛋白的氨基酸比例；B为 *KcAPSK* 蛋白的疏水性分析）

6.7.6.3 *KcAPSK* 基因的高级结构预测分析

利用Signal P预测 *KcAPSK* 蛋白的信号肽显示，mean S是0.666，说明 *KcAPSK* 蛋白无信号肽，是内在蛋白。利用POSRT Ⅱ预测显示，*KcAPSK* 蛋白定位于叶绿体上。TMHMM跨膜软件预测，*KcAPSK* 蛋白不含跨膜结构。因此，推测该蛋白属于内在蛋白，并在胞内参与响应高温胁迫的生物学过程。

利用SOPMA软件对该蛋白二级结构分析显示：该蛋白组成是无规则卷曲（Cc）（44.14%）、α螺旋（Hh）（31.72%）、β折叠（Ee）（16.21%）和β转角（Tt）（7.93%）。4种结构类型中无规则卷曲和α螺旋是主要构成元件，β转角含量较少。同时利用Pfam（http：//pfam.xfam.org/search）在线软件预测结果显示：*KcAPSK* 基因编码蛋白质可能存在于APS_kinase家族。利用Phyre2和SWISS-MODEL在线软件对 *KcAPSK* 基因编码蛋白三级结构进行预测，结果显示如图6-47所示。

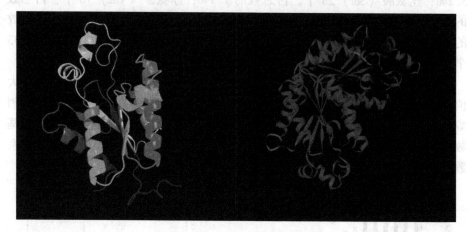

图 6-47 *KcAPSK* 的高级结构预测

6.7.7 *KcAPSK* 基因表达模式分析

对花花柴进行 45℃ 的高温胁迫可提高花花柴中 *KcAPSK* 基因的表达量，当胁迫 8h 时，表达量达到最大值，8~16h 表达量又出现下降，但仍高于对照水平。表明高温可以诱导 *KcAPSK* 基因的表达，因此推测该基因可能参与花花柴对高温胁迫响应的正调控（图 6-48）。

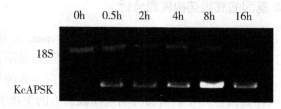

图 6-48 高温胁迫下花花柴 *KcAPSK* 的表达分析

6.7.8 *KcAPSK* 基因表达载体的构建及遗传转化

6.7.8.1 *KcAPSK* 基因 BP-LR 反应

利用 BP-LR 技术将基因构建到 pK2GW7 表达载体上，挑取单菌落 BP 反应后抗性筛选过的单菌落用 M13 通用引物进行 PCR 验证，对阳性克隆进行扩大培养，再次进行 PCR 验证。验证成功后的目的质粒进行 LR 反应，挑取单菌落用 35S 通用引物和设计的下游引物做菌落 PCR 验证，对阳性克隆进行扩大培养，PCR 再次验证，保存菌种并送样测序。

6.7.8.2　*KcAPSK* 基因真核表达载体的构建

将得到的 pK2GW7-*KcAPSK* 基因表达载体导入农杆菌，用 35S 通用引物 PCR 电泳验证。

6.7.8.3　叶盘法遗传转化结果

对烟草叶片进行 48h 的预培养，然后将预培养处理后的烟草叶片进行农杆菌侵染，将侵染后的烟草叶片置于共培养基中，黑暗条件下培养 36~48h，随后将共培养完成后的烟草叶片转移至筛选培养基，培养 30d 左右，转化成功的叶片周围会有愈伤长出（图 6-49），而未转化成功的烟草叶片逐渐白化死亡。愈伤长出后将其转移到分化培养基 MS+NAA 0.2mg/L+6-BA 3mg/L 直至长出植株。

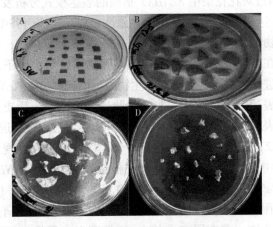

图 6-49　转基因烟草植株获得过程
（注：A. 预培养烟草叶片；B. 共培养烟草叶片；C. 筛选培养烟草叶片；D. 分化培养烟草叶片）

6.8　讨　论

6.8.1　*KcNHX1* 基因增强转基因植株的耐旱、耐盐性

Na^+/H^+ 转运体根据其所在位置的不同分为两类：定位于细胞膜上的 Na^+/H^+ 转运体（SOS）具有将胞质中过量的 Na^+ 向胞外外排的功能（Qiu et al.，2002），而定位于液泡膜上的 Na^+/H^+ 转运体（NHX）则起着将胞质中过量的 Na^+ 向液泡中区隔化的功能。不管是哪种 Na^+/H^+ 转运体，其作用都是降低胞质中 Na^+ 浓度，降低高浓度的 Na^+ 对细胞造成的毒害。

本研究从荒漠植物花花柴中克隆了定位于液泡膜的 Na^+/H^+ 转运体基因，通过和 NCBI 中已经提交的 *KcNHX1*（ABC46405.1）比对发现，在核苷酸水平这两条序列有 12 个核苷酸的差异，在氨基酸水平有 1 个氨基酸的差异，推测本研究克隆的基因属于 *NHX* 家族，且与已鉴定的 *KcNHX1* 同源性最高，因此也命名为 *KcNHX1* 基因。通过对花花柴中 *KcNHX1* 基因的表达模式分析发现，和拟南芥中 *AtNHX1* 基因的表达相比，*KcNHX1* 的表达量明显要高于拟南芥中 *AtNHX1* 基因的表达。这可能与物种特性及其生活环境有关。和拟南芥相比，花花柴属于荒漠植物，长期生长在极端干旱、高盐、强碱、极端温度等生境下，长期的自然选择使得荒漠植物进化形成了一套响应非生物胁迫的机制，如 *KcNHX1* 等抗逆相关基因的持续高量表达，为花花柴在非生物胁迫下完成其生活史提供了保障。因此推测，基因的表达量可能也是植物在适应环境压力过程中的进化结果。

Liu 等（2012）通过构建 *KcNHX1* 的干涉载体，研究发现 *KcNHX1* 在花花柴耐盐胁迫响应中起重要作用。大量研究报道显示拟南芥 *AtNHX*（Apse et al.，1999）、胡杨 *PeNHX1*（Ye et al.，2009）、水稻 *OsNHX*（Fukuda et al.，2011）等都具有耐盐功能。本研究通过 *KcNHX1* 基因转化拟南芥发现该基因也具有耐旱耐盐的功能。在本研究中的 NaCl 处理下，尽管转基因和野生型植株都出现了失绿的症状，而且表型差异不显著，但分析其抽薹数和结实性发现转基因植株要明显优于野生型，这可能是 *KcNHX1* 的超表达促进了 SOD 的活性，从而降低了细胞中由于高盐引起的过量的 ROS，同时也降低了 MDA 的含量，降低了高浓度 Na^+ 对植株的毒害，最终增强了转基因植株对高浓度 NaCl 的耐受性。从生理指标测定结果和抽薹数统计结果来看，干旱严重影响着植株的抽

薹数和结实性。在干旱条件下，SOD 活性在野生型植株中有所下降，而在转基因系中却有明显的升高，说明 *KcNHX1* 的超表达间接促进了 SOD 活性，缓解了干旱造成的渗透胁迫和氧化胁迫，维持了 MDA 的含量，从而降低了干旱给植株带来的伤害。在复水后转基因植株的抽薹数得以部分恢复，说明 *KcNHX1* 的超量表达增强了转基因植株的耐旱性。同样，通过对离子相关的转运体蛋白基因的表达分析发现，*KcNHX1* 基因的超表达增强了与 K⁺、Na⁺、Ca²⁺ 及一些阴离子通道蛋白的上调表达。

NHX 基因和 *H⁺–PPase* 基因一样定位于液泡膜，其表达变化势必会打破细胞质原有的离子平衡，为了建立并维持新的离子平衡，大量与离子转运或通道相关的基因表达发生了变化。在 *KcNHX1* 转基因植株中除了在上一章提到的与 K⁺转运相关的 *AKT2*、*TPK* 基因，阴离子通道蛋白 *CLCA* 基因及与 Ca²⁺ 转运相关的 *ACA* 基因上调表达外，还有大量基因的表达都有增强趋势。如与具有 K⁺内流通道活性并与花粉管的生长有关的 *SPIK* 基因、K⁺外流通道活性的 *SKOR* 基因的表达在转基因植株中的表达也强于野生型植株，这些 *AKT* 基因、*SPIK* 基因及 *SKOR* 都属于 Shaker 家族成员（Anne et al., 2007）。这可能是 *KcNHX1* 基因的超表达促进了大量 H⁺转运进入胞质，从而增加了胞质中 H⁺的含量，使得胞质 pH 降低，打破了电荷平衡和 pH 平衡，从而促使 K⁺及阴离子如 Cl⁻、NO₃⁻的转运来建立新的平衡。

在 *KcNHX1* 转基因植株中除了上述与 K⁺转运相关基因的表达上调外，与 Na⁺外排相关的基因 *SOS1* 的表达也明显增强。*SOS1* 基因是 SOS 路径的关键功能基因，*SOS1* 的上调表达有利于将胞质中过量的 Na⁺排出胞外（Qiu et al., 2002）。这可能是 *KcNHX1* 基因的超表达使 Na⁺在液泡中区隔化，类似于 Na⁺胁迫信号，进而促进了 *SOS1* 对 Na⁺/H⁺的转运，使多余的 Na⁺排出细胞。SOS 路径的激活依赖于 Ca²⁺信号。通过对 Ca²⁺相关的转运体或通道蛋白基因的表达分析发现，*CAM4*、*CAX1*、*CNGC* 系列基因和 *TPC1* 等基因都在转基因植株中上调表达。其中 *AtCAM4* 被认为是 Ca²⁺介导的信号分子，*CNGC* 则具有 Ca²⁺、环核苷酸绑定的阳离子转运或通道活性（Köhler et al., 1999）。而且在高温处理下，这些基因也呈上调表达趋势。

上述结果说明 *KcNHX1* 基因在拟南芥中的超表达促进了一系列内源与 K⁺、Na⁺、Ca²⁺ 及一些阴离子转运相关基因的上调表达，这有利于重建并维持新的离子、电荷及 pH 平衡，有利于缓解由于干旱、高盐、高温等造成的渗透胁迫、离子胁迫及氧化胁迫，从而增强转基因植株对非生物胁迫的耐受性。

6.8.2 *KcNHX1* 基因增强转基因植株的耐高温性

自然界中高温天气的出现相对干旱和盐碱比较短暂而且有规律，一般高温在 7 月中旬至 8 月中旬，但这个季节恰好是一些作物如棉花等的开花结实期，而高温往往会导致花器官发育不正常、雄性不育等现象。*KcNHX1* 基因不仅具有 *NHX* 基因共有的特性——耐旱耐盐性，还具有鲜见报道的耐高温性。在高温处理下，苗期转基因植株的存活率明显高于野生型，这可能是由于转基因植株中可溶性糖含量大量积累，增强了渗透调节；同时 POD 活性的增强有利于缓解由高温引起的氧化胁迫，MDA 含量下降有利于维持膜的稳定性与完整性，气孔开度的增加可以通过蒸腾作用降低叶片温度。这些结果都与转基因植株耐高温的表型相符。

6.8.3 *KcNHX1* 基因提高了转基因植株中 IAA 的含量

在高温处理下拟南芥花器官中的 IAA 含量降低，花丝变短，但转 *KcNHX1* 的拟南芥中 IAA 的含量明显高于野生型，而且花丝也较野生型的长。Elias Bassil 等通过构建拟南芥 *NHX1* 和 *NHX2* 基因突变体的研究发现，*NHX1/NHX2* 双突变体的花丝变短，花药不开裂导致散粉受阻，分析原因可能是由于突变体中液泡的 pH 下降，而且液泡中 K^+ 含量仅为野生型的 30%，说明 *NHXs* 不仅在维持胞内 K^+/Na^+ 平衡方面起着重要作用，还可能直接参与了 K^+ 和 Na^+ 跨液泡膜向液泡的转运，并通过调节 K^+ 的内稳态来调控拟南芥的生长、花器官发育及产量（Bassil et al.，2011）。在本研究中，转基因植株中多个与 K^+ 转运相关基因发生上调表达，且花丝变长，而且与 IAA 转运相关的 *PIN2* 基因也上调表达。同时外施 IAA 的试验也表明高温引起了花器官中 IAA 的含量降低，因而导致花丝变短，角果生长受阻，结实性下降；补充 IAA 可以部分缓解上述现象，这说明 *KcNHX*1 可能直接或间接促进了 IAA 的运输及有效利用。

6.8.4 *KcSOS3*、*KcSOS2* 基因抗逆性

SOS3、*SOS2* 是植物中已报道的参与非生物胁迫调节（Sheng et al.，2002）的基因，在拟南芥（马凤勇等，2013a；谢崇波等，2010）、水稻和玉米、苜蓿（麻冬梅等，2018）、花生（张国嘉等，2014）、黄瓜（王丹怡等，

2020）等植物中研究较多，药用植物中也有零星报道，参与植物生长发育、次生代谢和逆境适应等生物学过程。花花柴 *SOS3* 的氨基酸序列与向日葵 *SOS3* 的氨基酸序列一致性为 90.32%，与水稻的为 64.42%，与玉米的为 62.33%。花花柴 *SOS2* 的氨基酸序列与向日葵 *SOS2* 的氨基酸序列一致性为 90.83%，与水稻的为 69.16%，与玉米的为 68.93%。由此可推断，花花柴 *SOS3*、*SOS2* 与向日葵的氨基酸序列一致性比较高，其结构、功能可能较为相似。

本研究以测序获得的转录组数据为基础，克隆获得 *KcSOS3*。测序完成后核苷酸序列经翻译后与多种植物 *SOS3* 基因一致性较高，编码是由 216 个氨基酸组成的蛋白质，包含 3 个 EF-Hand 结构域和丝氨酸-苏氨酸蛋白活性位点，符合 *SOS3* 蛋白结构特征（于晓俊等，2016）与甘蔗（凌秋平等，2019）、马铃薯（杨帅等，2022）、刚毛柽柳（邹全程等，2018）一致。克隆获得 *KcSOS2* 基因，多种植物 *SOS2* 蛋白序列一致性较高，编码蛋白包含蛋白激酶域，含有天冬酰胺-丙氨酸-苯丙酰胺（NAF）结构域，丝氨酸/苏氨酸蛋白激酶活性位点，符合 *SOS2* 蛋白结构特征，且与花生、黄瓜一致。*SOS2*、*SOS3* 蛋白质结构都符合其特征，说明在花花柴中类钙调素 B 类蛋白 *SOS3* 感应胁迫介导的胞质钙信号，与丝氨酸/苏氨酸蛋白激酶 *SOS2* 相互作用并激活 *SOS2*（马风勇等，2013b）。

通过对上述 2 个基因的表达模式分析发现，盐水未处理下 *KcSOS3* 的表达量根、茎、叶的都高，但明显根中的表达量要高于茎和叶，说明 *KcSOS3* 在根中的表达要多于其他部分。这与於丙军（2004）等研究一致。

KcSOS3 基因在盐胁迫条件下根中的表达量呈现低—高—低趋势。花花柴根部在未处理时 *KcSOS3* 的表达量最高；茎中的表达量呈现低—高—低—高趋势，叶中的表达量呈现下降趋势，在未处理时 *KcSOS3* 的表达量明显高于其他处理时间。这显示 *KcSOS3* 基因受到盐胁迫时，根响应盐胁迫敏感，受到胁迫时花花柴根部先表现为不耐受，表达量低；随时间增长植物适应又表现为耐受，表达量增加；但随着时间更长，植株表现不耐受，表达量降低。盐水未处理下 *KcSOS2* 的表达量根、茎、叶的都高，根中 *KcSOS2* 的表达量呈现下降，在未处理时 *KcSOS2* 表达量明显高于其他处理时间。茎中的表达量呈现低—高趋势，在盐胁迫处理 48h 时，*KcSOS2* 表达量明显高于其他处理时间。叶中的表达量呈现下降的趋势，在未处理时 *KcSOS2* 表达量明显高于 2h、4h、8h、24h 处理时间。这显示 *KcSOS2* 基因受到盐胁迫时，根、叶响应盐胁迫明显，处理时间越长时，*KcSOS2* 蛋白表达量降低。

KcSOS3 基因在干旱条件下处理时，根中的表达量呈现高—低趋势；茎中

的表达量呈现高—低趋势；叶中的表达量呈现高—低趋势，受到干旱胁迫时，*KcSOS3* 表达量增高，随着干旱胁迫时间增长，*KcSOS3* 表达量降低。未干旱处理下 *KcSOS2* 的表达量根、茎、叶的都很低。*KcSOS2* 基因在干旱条件下处理时，根中 *KcSOS2* 的表达量呈现下降，在处理 6d 时，*KcSOS2* 的表达量明显低于其他所有处理；茎中的表达量呈现下降趋势；叶中的表达量呈现下降的趋势，在 4d、6d 时 *KcSOS2* 表达量明显低于未处理时，*KcSOS2* 几乎没有表达量。这显示 *KcSOS2* 基因受到干旱胁迫时，根响应干旱胁迫不明显，干旱时间较长时，*KcSOS2* 蛋白表达量降低；叶响应干旱胁迫的时间较早，干旱胁迫时间越长表达量越低，*KcSOS2* 表达量逐渐减少直至不表达。

　　KcSOS3 基因在 45℃ 条件下根中的表达量呈现高—低—高趋势，室温下 *KcSOS3* 表达量高；茎中的表达量呈现低—高—低，茎短时间受到高温胁迫时，*KcSOS3* 表达量增高，随着高温胁迫时间增长，植株表现一定的适应性，*KcSOS3* 表达量降低；叶中的表达量呈现下降趋势，说明 *KcSOS3* 主要在植物的根中作用。*KcSOS2* 的茎中的表达量呈现增高趋势，在 4h 时 *KcSOS2* 表达量明显高于其他处理时间；叶中的表达量呈现增高—下降—增高的趋势，在 30min 时 *KcSOS2* 表达量明显高于 2h 时，而 4h 时 *KcSOS2* 表达量明显增高。这显示 *KcSOS2* 基因受到高温胁迫时，根响应高温胁迫明显，外界温度升高时，*KcSOS2* 蛋白表达量升高，植株表现逐渐适应的过程；叶响应高温胁迫的时间稍晚，高温胁迫时间越长表达量增加，植株表现一定的适应性。

　　KcSOS3 基因在 4℃ 条件下低温处理时，根中的表达量呈现低—高趋势，室温下 *KcSOS3* 表达量高；茎中的表达量呈现下降趋势，室温 *KcSOS3* 表达量最高，其他低温处理时，表达量降低且各处理间表达量无明显变化；低温处理时叶中的表达量无明显变化。*KcSOS2* 基因在 4℃ 条件下低温处理时，根、茎、叶中 *KcSOS2* 的表达量均呈现下降趋势，在室温下，*KcSOS2* 表达量明显高于其他处理时间，*KcSOS2* 几乎不表达。这与杨帅等研究不一致（杨帅等，2022），这显示 *KcSOS2* 基因受到低温胁迫时，根、茎、叶响应低温胁迫不明显，外界温度维持稳定低温时，*KcSOS2* 蛋白表达量几乎不表达。

　　KcSOS3 基因在 15% PEG 渗透处理条件下处理时，根中的表达量呈现低—高趋势，未渗透处理下 *KcSOS3* 表达量高；茎中的表达量呈现高—低—高趋势；叶中的表达量呈现低—高趋势。*KcSOS2* 基因在 15% PEG 条件下处理时，根中 *KcSOS2* 的表达量呈现低—高趋势，在 3h 时，*KcSOS2* 的表达量低于其他所有处理；茎中的表达量呈现下降趋势，随着处理时间增长，*KcSOS2* 表达量在其他处理时间中逐渐降低；叶中的表达量呈现下降的趋势，在 24h、36h 时

KcSOS2 表达量明显低于未处理时，*KcSOS2* 几乎没有表达量。这显示 *KcSOS2* 基因受到渗透胁迫时，根响应渗透胁迫明显，渗透时间较长时，*KcSOS2* 蛋白表达量由高到低再到高；叶响应渗透胁迫的时间较早，渗透胁迫时间越长表达量越低。

6.8.4.1 *KcSOS3*、*KcSOS2* 原核表达蛋白的提取及 SDS-PAGE

在原核系统中表达重组蛋白，通常需要设计不同的表达载体，然后将含目的基因的表达质粒分别转染或转化不同的宿主细胞（朱明慧等，2022）。本试验利用 *KcSOS3*-F-*Xba I* 和 *KcSOS3*-R-*BamH I* 引物成功获得了带有酶切位点的 *KcSOS3* 目标条带。将 pMD19-T-*SOS3* 和 pET-28a 质粒重组成功，将其保存在 DH5α 与 BL21 中。利用 *KcSOS2*-F-*Xba* Ⅰ 和 *KcSOS2*-R-*Hind* Ⅲ 成功获得了带有酶切位点的 *KcSOS2* 目的条带。将 pMD18-T-*SOS2* 和 pET-28a 质粒重组成功。通过对 *KcSOS2* 基因原核表达蛋白的 SDS-PAGE 检测，结果分别在诱导 4h 和 6h 条件下有较明显的蛋白条带，条带约为 50kD。

然而，对于 *KcSOS3* 基因原核表达蛋白的 SDS-PAGE 检测，却没有得到目的蛋白的条带。这可能与诱导时加入的 IPTG 含量不够有关。下一步将调整其浓度，探索 *KcSOS3* 基因原核表达蛋白时的 IPTG 浓度。

6.8.4.2 烟草、棉花、拟南芥无菌苗遗传转化

研究表明，植物瞬时转化效率受到多种因素的影响，包括农杆菌菌株类型、农杆菌浓度、植物组织类型、共培养环境条件等因素（孙华军等，2015；张福丽等，2012）。本试验中，成功在三种农杆菌 GV3101、LBA4404、EHA105 中构建了真核超表达载体。前期进行农杆菌侵染预试验时，LBA4404 共培养时易被真菌污染，EHA105 生长周期较长，最终选择了 GV3101 对烟草、棉花、拟南芥进行侵染。Vargas-Guevara 等（2018）对于咖啡叶片的侵染效率比较了 LBA4404 和 GV3101 农杆菌的侵染效率，发现 GV3101 的侵染效率较高；然而，在苹果上的研究发现，EHA101 菌株优于 LBA4404（Chen et al.，2021）。这说明对不同植物进行侵染时需要选择不同的农杆菌，在试验中选择适宜的农杆菌侵染植物可能更有利于获得植物转基因材料。

农杆菌生长状态和菌液浓度对植物的遗传转化同样具有重要影响（孙华军等，2015）。试验过程中发现 GV3101 的菌液浓度较浓时，共培养结束后，筛选培养时农杆菌返菌现象严重，导致植物体被农杆菌毒害。比如在李刚等（2021）研究中也被发现，农杆菌 GV3101 在 OD_{600} 为 0.8 时，其转化效率最

高；EHA105 在 OD_{600} 为 0.8~1.0 时转化效率均高于 OD_{600} 为 0.6 时的转化效率。但是，过高的农杆菌浓度反而会使植株出现病症，甚至坏死，导致转化效率降低。同理，曹贞菊等（2021）发现在侵染不同马铃薯部位时，最适农杆菌浓度 OD_{600} 值为 0.4，大于或小于 0.4 均会导致外植体农杆菌污染严重而死亡。

在用叶盘法侵染烟草叶片试验过程中，由于激素配比不合适、农杆菌侵染浓度过高、植物材料光照和温度不足等问题，导致愈伤组织一直没有从生芽产生。外植体种类、培养基种类、植物激素种类及配比等对植物启动培养、增殖培养、壮苗培养以及生根培养的作用效果有重要作用。细胞分裂素（BA 或 KT）与生长素（IBA 或 NAA）的激素浓度配比对樱花的启动培养影响效果较显著（陆露，2018）。生长素 2,4-D 对植物的愈伤组织诱导起着至关重要的调控作用。外植体的增殖培养阶段，常用的细胞分裂素包括 BA、KT、TDZ 等，细胞分裂素的使用浓度范围一般在 0.5~5.0mg/L。在合理的浓度范围内，生成的从芽数与细胞分裂素的浓度成正比。当其浓度过高时，叶片变薄且颜色变浅，出现玻璃化现象和畸形芽。组培苗正常生根的关键因素是生长素。常用的生长素包括 NAA、IBA、IAA 等，由于 IAA 不能高压灭菌，故使用较少。NAA 和 IBA 的浓度一般设置在 0.1~2.0mg/L，两种生长素单独使用或组合使用均能取得较好的生根效果。

在使用农杆菌对棉花下胚轴的侵染试验过程中，借鉴了华中农业大学的棉花改良培养基配方。但试验过程中发现单独配制的大量元素的母液过夜会产生沉淀，只能现用现配。对于这个问题我们排除了试剂的问题，推测可能是由于新疆水质的问题。

本研究用基因重组技术成功构建了真核超表达载体 pK2GW7-*KcSOS3*、pK2GW7-*KcSOS2*，将其导入根瘤农杆菌菌株 GV3101、LBA4404、EHA105 保存。使用 GV3101 菌株侵染烟草、棉花、拟南芥，结果表明：获得了烟草愈伤，棉花愈伤。由于本实验室建立转基因技术体系时间较短，不够完善。不同的激素类型和含量较多影响植物愈伤发芽等的产生，对于抗生素的敏感程度，不同的细胞系也存在差异，以及对侵染时间和菌液浓度的掌控等原因的存在，目前还未获得转基因植株，因此对于遗传转化的研究及操作技术的优化还需进一步探究。

6.8.5　Ca²⁺转运相关基因的抗逆性

6.8.5.1　基因家族成员的鉴定

本研究在花花柴常温—高温差异转录组中鉴定出对高温胁迫产生反应的 *KcCBLs* 3 个，*KcCIPKs* 7 个。*KcCBLs* 的 CDS 编码的氨基酸数量为 213～226AA，分子量为 24.42～25.58kD。与拟南芥的 *AtCBLs* 的 23.5～26kD，水稻的 23.9～25.9kD 相比分子量上相当保守，与 Kolukisaoglu 的研究一致。*KcCIPKs* 的 CDS 编码的氨基酸数量为 428～467 AA，分子量为 48.00～52.90kD。多重比对显示，所有的 CBLs 蛋白都含有 4 个 EF-Hand，这是其行使功能的必要条件，并且每个 EF-Hand 之间的连接序列的长度是绝对一致的，而 EF-Hand 结构域则拥有更多的变异机会，可能有助于功能的多样化（Zhang et al.，2008）。豆蔻与棕榈酰化分析相比 Mo 等（2018）在木薯上的分析结果除 *KcCBL1* 与 *MeCBL1* 的酰化位点一致外，其他基因均比木薯的 *MeCBLs* 和 *MeCIPKs* 多出 1～3 个酰化位点，肉豆蔻酰化蛋白的稳定膜结合通常伴随着相邻 Cys 残基的棕榈酰化，这样可以通过疏水性将蛋白锚定在膜上（Resh，1999），这可能是花花柴 KcCBL-KcCIPK 功能在亚细胞定位上更为特异性的体现，需要进一步试验加以验证。系统进化分析显示 *KcCBL4* 较早与 *KcCBL1* 和 *KcCBL2* 分离，并且与其他物种 *CBL4* 关系也较为疏远，可能由此表现出特别功能，而 *KcCBL1* 和 *KcCBL2* 与其他物种同源性与进化关系较为密切，可能表现出相似的功能，根据 Kolukisaoglu 的研究表明这可能由于染色体片段复制形成的相对于 *CBL4* 的串联复制形成的更晚。这种串联复制的方式导致的微尺度的重排和广泛的重复是这一基因家族进化的驱动力（Meyers et al.，2003）。同时 *KcCBLs* 和 *KcCIPKs* 基因家族都与向日葵、莴苣和拟南芥相比单子叶植物和非菊科植物保持着更亲缘的进化关系，这也是花花柴作为菊科植物的特征之一。通过对 Motif 分析发现，*KcCBL1* 和 *KcCBL4* 与其他物种的 Motif 个数和排列顺序基本相同，而 *KcCBL2* 与其他大多数 *CBL2* 都具有 *CBL1* 和 *CBL4* 所没有的 Motif 6 片段，有关研究在苹果中对 *CBLs* Motif 分析也证实了这种现象（Chen et al.，2021）。*KcCIPKs* 与其他物种的 Motif 分析显示，*KcCIPKs* 和所有物种的 *CIPK* 的 Motif 都十分相似，表明 *KcCIPK* 在结构上具有与其他物种十分相似的基础特征。

6.8.5.2　花花柴 *KcCBLs* 和 *KcCIPKs* 的半定量表达模式分析

植物开发出了独特策略以应对逆境胁迫影响（Glazebrook，1999），*CBL-CIPK* 途径通过环境胁迫信号参与植物在这方面的反应。参与这些反应的 *Kc-CBLs-KcCIPKs*，无论上调下调均有某种形式的应激反应来达到植物抗逆的效果（Zhang et al.，2008）。*KcCBLs* 在高温下呈现不稳定的上调趋势与 Mo C 等（2018）在木薯中所试验的结果相似。多数基因在 5min 热处理时表现出迅速下调而之后的表达量缓慢上升，这可能在热胁迫初期对细胞酶活性产生的影响及本身基因对于这种胁迫的敏感性所导致。在长时间高温处理后，花花柴 *Kc-CBLs* 与 *KcCIPKs* 在根和茎组织中均表现为逐步适应的规律，可能是 *KcCBLs* 与 *KcCIPKs* 首先在茎中恢复功能，从而迅速使植物保持较高的抗高温胁迫能力，在叶片承受高温后有的基因在较长时间高温胁迫后呈现出一段时间内表达下调的状态，可能是由于叶片受热面积较大使细胞过热所导致的暂时性表达紊乱，总体上 *KcCIPKs* 在不同组织的表达量具有组织特异性，这与 *CBLs* 与 *CIPKs* 在橡胶中的研究相似（Xiao et al.，2022）。对于高温胁迫下的 *KcCBLs* 和 *KcCIPKs* 在各组织中表达量变化的实际作用需要将来进行进一步研究。

KcCBLs 与 *KcCIPKs* 在花花柴不同部位产生不同的表达量，总体来讲，高温对 *KcCBLs-KcCIPKs* 基因的表达有着明显影响。在根组织中 *KcCBLs*、*KcCIPKs* 在高温胁迫中呈现出对高温从敏感至适应的表达量变化。茎组织中除了 *KcCBL4* 在热处理 5min 时迅速提高表达量外，其余 *KcCBLs*、*KcCIPKs* 表现为从敏感到适应的表达量变化，而 *KcCBL4* 的表达量迅速变动可能与初期的高温应答相关。叶组织中 *KcCBL1*、*KcCIPK2*、*KcCIPK9*、*KcCIPK11*、*KcCIPK24* 均在热处理 30~120min 处产生第二次表达量降低的现象，这可能是由于过长时间对受热面积较广的叶组织处理后调控发生紊乱情况，随后在 120~240min 这些基因表达量恢复适应状态。除去这些基因外的 *KcCBLs* 与 *KcCIPKs* 在叶组织中受热处理后表达量均为从敏感至适应的变化模式。综上所述，*KcCBL-KcCIPK* 受到高温胁迫后能够产生表达响应，并且 *KcCIPKs* 在植物不同组织间具有表达差异。

6.8.5.3　花花柴 *KcCBLs* 和 *KcCIPKs* 的互作研究

蛋白互作的试验验证 *CBL* 与 *CIPK* 在互作上成子集的关系，*KcCBL1*、*Kc-CBL2* 和 *KcCBL4* 可以与多个 *KcCIPKs* 互作。结果显示可以与 *KcCBL1* 和 *KcCBL4* 互作的 *KcCIPKs* 比 *KcCBL2* 要多，可能是由于 *KcCBL2* 缺少肉豆蔻酰化位点使得亚细胞定位受到较大约束导致功能受限，而 *KcCBL1* 与 *KcCBL4* 保持着经典的 EF-Hand 及其他 *CBLs* 结构使得互作选择变多。高温是重要的非生物胁迫因素，处于高温中的植物其抗逆基因的表达会受到钙离子信号的调控，由花花柴表达模式分析可以得出多个 *CBL* 和 *CIPK* 明显受到高温影响，而相较于最初猜想的叶片应该拥有较高的表达量，茎的高表达量则高于预期，这可能是花花柴在应对高温时会增强相关生理物质的传输所致。据前人研究发现，*CBL* 和 *CIPK* 的互作关系依赖序列的相似性和进化史来推测是不可靠的，因此本研究通过酵母双杂交的方式从一定程度上验证了花花柴 *KcCBLs-KcCIPK* 部分基因的互作情况。另外，本研究根据这一互作现象使用 Rigid Docking 的方式对蛋白质的互补部位进行了预测，并制作了 3D 模型（彩图 6-50），该模型将一定程度上对未来花花柴在 *KcCBL-KcCIPK* 互作的深入研究上起到参考作用。此外，在花花柴转录组序列中依然存在部分本研究未进行克隆的 *KcCBLs* 与 *Kc-CIPKs* 的 cDNA 序列，根据国内外近期研究的 *CBL-CIPK* 的互作关系网，花花柴中依然存在部分互作关系等待检验。

KcCBL1 蛋白可以与 *KcCIPK2*、*KcCIPK5*、*KcCIPK6*、*KcCIPK7*、*KcCIPK9* 和 *KcCIPK24* 蛋白有互作关系，*KcCBL2* 蛋白和 *KcCIPK5*、*KcCIPK6*、*KcCIPK7* 这 3 种 *CIPK* 蛋白有互作关系，*KcCBL4* 蛋白可以与 *KcCIPK2*、*KcCIPK5*、*KcCIPK6*、*KcCIPK7* 和 *KcCIPK24* 蛋白有互作关系。

6.8.6 关于 *KcFAD2*、*KcP450-77A*、*KcHHT* 基因

植物中的 *CYP450* 基因家族可通过控制植物内源激素的合成及降解来应对各种非生物胁迫和不利生长环境。拟南芥中过表达蒺藜、苜蓿 *CYP94* 基因在盐胁迫处理后，发现转基因拟南芥根长显著长于野生型，表明该基因可能提高了转基因拟南芥根系的耐盐性（Arati et al.，2016）。干旱胁迫下烟草中 ABA 羟化酶基因 *CYP707A1*、*CYP94C1*、*CYP94B3* 等显著上调，说明 *CYP450s* 基因可能受干旱胁迫诱导。以上研究表明，植物 *CYP450* 基因在抵御盐碱和干旱等非生物胁迫中具有重要作用，但是目前植物中 *P450* 对高温胁迫的响应机制研究较少。ω-羟基棕榈酸是 *HHT* 在体外形成的主要产物，是长链 1-链烯醇类的前体，它构成了马铃薯块茎皮的部分蜡，并且在与软木脂（Espelie et al.，1986）相关的蜡中经常检测到 1-烷醇阿魏酸酯。脂肪酸去饱和酶（*FAD*）基因家族成员的活性可能在温暖的条件下受到抑制（Martinière et al.，2011）。当把葵花全株或头状花序转移到高温下，*FAD2* 活性降低，而低温条件下其活

性水平增加（Martínez-Rivas et al., 2000）。了解 *FAD2* 基因，对其在植物体内的表达、调控机制、提高油质和抗逆性具有重要意义（YUAN et al., 2011）。

　　荒漠植物花花柴具有很强的高温耐受能力，通过本课题组前期对花花柴幼苗耐高温性的评价，结果表明，高温胁迫初期花花柴的细胞膜系统受到破坏，随着高温胁迫时间的延长，植物通过调整表皮蜡质的含量等一系列保护，系统逐渐修复受损细胞，以此来适应高温环境。该胁迫响应与植物在受到环境胁迫时的生理响应一致，并且与本研究中蜡合成相关基因的表达模式分析结果一致。通过对高温处理下花花柴蜡质提取分析检测发现，随着高温处理时间的延长，烷烃的总含量随之增加，且烷烃总含量的顺序为野外沙漠>校园人工绿地>室内种植，这表明高温影响了花花柴表皮蜡合成相关基因的表达（王磊，2019）。

　　在本研究中，以花花柴作为实验材料克隆并获得了脂质合成相关基因 *KcP450-77A*、*KcHHT* 和 *KcFAD2* 的全长 *CDS*，并对上述基因的编码蛋白进行了生物信息学分析，经同源性分析和系统发育树分析，花花柴 *KcP450-77A*、*KcHHT*、*KcFAD2* 基因与向日葵、莴苣、除虫菊、洋蓟、黄花蒿、斑鸠菊、薇甘菊等菊科植物的 *P450-77A*、*HHT*、*FAD2* 核苷酸序列高度一致，说明基因的进化与物种进化是一致的，表明它们的遗传关系与该物种的遗传关系相符，符合物种进化规律，预示着花花柴蜡质合成相关基因 *KcP450-77A*、*KcHHT*、*Kc-FAD2* 在进化中维持着较保守的结构和功能。

　　处于逆境胁迫条件下的植物，其外观形态的变化能够直接反映出植物对逆境胁迫的受伤程度，同时也可作为评价植物对逆境胁迫耐受性的指标（孟聪睿，2013）。通过对高温处理下不同时间点花花柴叶片表型形态特征观察发现，高温处理下的花花柴在一定时间内表现出很好的耐高温性，但是随着处理时间的增加，其叶片组织细胞受到迫害，出现叶片失水萎蔫和植株倒伏现象，表明花花柴在40℃条件下能够耐受48h。利用RT-PCR技术分析表达模式，发现与花花柴有关的表皮蜡合成相关基因的表达受高温影响，其表达量均呈现高—低—高的趋势，表现出胁迫—诱导—适应的特性，这种应激反应与植物受到环境胁迫时的生理反应一致。以上研究表明，花花柴具有很强的耐高温性，蜡合成相关基因 *KcP450-77A*、*KcHHT*、*KcFAD2* 与花花柴的耐高温性密切相关，为经济作物的高温分子育种提供了遗传资源和理论参考。

6.8.7 激素合成相关基因

6.8.7.1 *KcbHLH71* 基因

植物在生长发育、繁殖等整个生长周期内均受到生物胁迫和非生物胁迫。高温是非生物胁迫因子中主要的影响因子之一（Escandón et al., 2016a）。随着全球气候日益变暖，极端高温发生频率剧增，荒漠地区植物面临的挑战更为严峻，较强的高温耐受性则成为荒漠植物的基本生存能力之一。高温胁迫可引起植物体内生长素类激素含量和活性变化，也可影响其生理生化过程进而产生胁迫蛋白以提高自身抵抗或适应逆境的能力。*bHLHs* 具有多样的生物功能，能够识别并结合特异 DNA 的特殊位点，来确保目的基因转录表达 DNA 结合蛋白质的准确性（Marleen et al., 2012a）。*bHLH* 处于植物逆境响应调控网络的下游，通过激活逆境响应基因的转录表达，达到增强植物耐受逆境的能力，使其与其他蛋白的互作调节方式更加具体和精细（刘文文等，2013）。因此，鉴别不同的 *bHLHs* 类基因功能，能更好地阐明该类基因在耐高温过程中的分子作用机制。

近年来，大量研究表明，在动物和真菌中的 *bHLHs* 对其生长发育、调节细胞周期以及响应环境胁迫的过程也发挥着重要的作用（李娜，2017；刘小翠，2017）。而在植物中对 *bHLHs* 蛋白的研究不是很深入，但也有研究表明，该类蛋白广泛参与不同的生长代谢、生物合成及其调控途径，特别是在非生物胁迫响应过程中起着关键作用（何洁等，2016）。例如苹果中 *MdGlbHLH* 在低温胁迫下可以增强 CBF 调节因子的表达，增强拟南芥耐低温能力（冯晓明，2011）。干旱、低温、高盐及外源 ABA 诱导棉花 *bHLH* 类转录因子基因 *GhbHLH*130 表达量显著上调（光杨其等，2014）。干旱和 ABA 诱导 *PebHLH*35 基因的表达，同时过表达该基因发现植株主根伸长，从而提高植株的抗性（Dong et al., 2014）。虽然目前对于 *bHLHs* 在干旱、低温、高盐、金属及 ABA 胁迫下的响应机制得到一定的认识和挖掘，但对于植物 *bHLHs* 的耐高温机制尚不明确。仅有少数研究涉及，如在水稻 178 个 *bHLH* 基因中有热激响应基因 8 个，而仅有 *OsbHLH*79（Os08g0487700）高温胁迫早期表达量显著上调，而其他 7 个在整个高温处理过程中表达量受到抑制，推测 *bHLHs* 可能主要参与水稻响应高温胁迫的负调控（Massari et al., 2000a）。在火龙果中对 *HubHLH1-like* 高温处理 3d 的表达量比处理 1d 的高，表明高温可以显著诱导该基因的表达（Sailsbery et al.，2012a）。锦鸡儿基因 *CibHLH27* 在热胁迫 0.5h 后表达量达到峰值，之后随着胁迫时间延长而降低，但当 12h 时再次升高，推测该基因后期可能受到其他调控的影响（李娜，2017）。

本试验基于本课题组前期高温处理后花花柴转录组数据成功克隆了具有完整 ORF 的 *bHLH* 基因。高温胁迫下幼苗花花柴叶器官 *KcbHLH71* 定量 PCR 表达分析结果显示，该基因的表达量随胁迫时间延长呈先降后升再降的趋势，表明高温可以显著诱导该基因的表达，推测它可能参与花花柴响应高温胁迫的正调控。这与 Massariand Murre 等（2000b）和 Sailsdery 等（2012b）研究报道高温胁迫对 *bHLHs* 类基因的影响一致。而且该结果符合植物在高温胁迫早期受到损害后响应一系列的应激和保护系统，通过调整自身体内激素含量以增加转录因子的表达量而产生大量胁迫蛋白，达到修复、抵抗或适应逆境胁迫的目的（许树成等，2008）。因此，对于花花柴 *KcbHLH71* 基因在耐高温过程中功能的研究及构建 *KcbHLH71* 基因的过量表达载体，为深入研究 *bHLH* 在高温胁迫响应、生长发育等过程中的功能及分子机制提供理论支持，同时也对利用 *bHLH* 转录因子功能提高植物胁迫耐受性，从而为植物抗逆育种服务提供一个主要方向。

6.8.7.2 关于 *KcAPSK* 基因

本试验基于本课题组前期高温处理后花花柴转录组数据成功克隆了具有完整 ORF 的 *APSK* 基因。高温胁迫下的花花柴叶片 *KcAPSK* 半定量 RT-PCR 表达分析结果显示，随胁迫时间的延长，该基因的表达量呈现出先增加后下降的趋势，说明在胁迫初期该基因表达量升高可能是一种适应胁迫逆境的生理反应，这一研究结果与前人研究结果一致。表明高温对该基因的表达起促进作用，进而可以推测该基因参与花花柴响应高温胁迫的正调控。目前 *APSK* 相关基因对植物硫酸盐代谢、次级代谢产物的影响以及植物生长素（IAA）的合成等方面具有一定的认识和发现，但对于植物 *APSK* 的耐高温机制的研究尚不明确，因此，对于花花柴 *KcAPSK* 基因在耐高温过程中的功能研究，为深入研究植物 *APSK* 基因在高温响应及植物生长发育等过程的功能提供了理论支持，从而为植物抗逆育种提供了一个新的方向。

随着全球气候变暖，极端高温天气的发生更加频繁，和其他生物一样，植物也进化出了防止温度急剧变化造成损害的策略（Escandón et al.，2016b）。热应激对细胞功能有复杂的影响，较强的耐受性对植物抵抗高温等非生物胁迫具有一定的促进作用，耐高温性已成为植物的基本生存能力之一。高温胁迫可引起植物体内激素含量及活性发生变化，也会导致其生理生化反应，从而产生一系列胁迫蛋白，进而提高植物自身抵抗及适应逆境的能力。例如与植物抗逆相关基因 *bHLHs*，其具有识别并结合特异 DNA 特殊位点从而提高基因表达准确性的能力（Marleen et al.，2012b）。*bHLH* 处于植物逆境响应调控网络的下游，通过激活逆境响应基因的转录表达从而增强植物对高温等非生物胁迫的抵抗力。*bHLH* 家族成员被观察到参与非生物应激反应。目前，拟南芥中大部分 *bHLH* 家族成员已经被鉴定出了功能特征。例如在低温下，*AtICE1* 特异性结合 *CBF3* 基因启动子序列中的 *MYC* 元件，诱导 *CBF3* 的表达，*CBF3* 进一步诱导下游冷响应基因的表达，从而提高拟南芥的抗寒性。甜橙（*Citrus sinensis*）中 *CsbHLH18* 基因的过表达有利于提高甜橙的抗寒性等，通过激活这些逆境基因的表达从而提高植物对环境的耐受性。由于 *APSK* 基因对植物耐高温性的研究甚少，但在对高温胁迫下花花柴 *KcAPSK* 基因的表达模式分析发现，高温能诱导该基因的表达，推测花花柴该基因受高温诱导，对植物的耐高温性的研究具有一定的参考价值。

6.8.7.3 关于植物转基因技术

植物转基因技术在改善作物植株性状和解决传统方法难以实现的研究问题方面发挥着独特的作用（Yin et al.，2010）。遗传转化是利用这些资源进行分子育种和基因功能反向遗传鉴定的重要手段（Ken et al.，2020）。然而农杆菌介导的转化方法具有技术简便、外源基因表达稳定等优点（Song et al.，2020）。近年来，植物研究者们通过转基因技术获得具有一定抗性的转基因植株，从而提高植物对于高温、干旱、盐胁迫等非生物胁迫的抵抗能力。农杆菌转化法是利用目的基因对农杆菌中原始的 DNA 序列进行替换的一种方法。研究发现，双子叶植物是农杆菌的天然宿主，因此对于农杆菌转化法的应用，大多应用于双子叶植物中，其中烟草作为双子叶植物的代表，在农杆菌介导的遗传转化中应用广泛。本研究将获得的 *KcbHLH71* 和 *KcAPSK* 基因构建植物表达载体，进行农杆菌介导的遗传转化，利用叶盘法转化烟草，为后续转基因植株获得的研究奠定了基础。

6.8.7.4 影响农杆菌介导法转化植物的因素

在农杆菌介导的遗传转化过程中影响转化效率的因素有很多，其中包括培养基组成、预培养过程、菌液浓度、侵染时间和共培养过程等。培养基组成包括各类元素、糖、生长调节剂等营养物质以及一些化学物质等，各类成分的多少也影响其转化效率。其中乙酰丁香酮（AS）的作用较为显著，少量的 AS 有利于农杆菌整合到植物细胞中，有利于植物的遗传转化。研究发现，外植体在体外立即进行农杆菌侵染容易引起其褐变和变质现象的产生，因此在对外植体进行侵染时将其预培养一段时间，可加速细胞分裂，从而更有利于外源 DNA 整合到受体细胞（孙华军等，2015）。不同植物的外植体其预培养时间也有所不同，一般来说，植物分化越快其所需的预培养时间就越短。本试验对烟草进行预培养更有利于其愈伤组织的产生。因此，合理的预培养更有利于基因的转化。

菌液浓度和侵染时间对植物遗传转化效率具有显著的影响。研究表明，在对农杆菌介导的丁香罗勒遗传转化过程中，农杆菌 OD_{600} 为 0.6 时转化效率最佳，过高或过低转化效率明显降低（Sana et al.，2015）。在韩雪（2013）的研究中发现，当菌液浓度 OD_{600} 值为 0.8~1.0 时，侵染 20~30min 最有利于山新杨叶片的遗传转化。本研究发现菌液浓度 OD_{600} 值为 0.1~0.5，侵染时间为 5min 最有利于植物遗传转化，菌液浓度过高，侵染时间过长会导致外植体死亡。

研究发现农杆菌介导转化共培养过程中，细菌过度生长可能导致组织坏死等不良影响，降低转化效率（Ken et al.，2020）。Kenjirou（2009）研究还发现，在共培养基中加入湿滤纸芯能有效调控农杆菌的生长速度，提高水稻愈伤组织转化后的细胞活力。在水稻、黄瓜、麻疯树和红花转化中也有类似的改进（Nanasato et al.，2011）。这些结果均证明了滤纸芯在共培养过程中的实用性。

参考文献

曹贞菊，李飞，陈明俊，等，2021. 农杆菌介导几种不同马铃薯外植体转化研究 [J]. 种子，40（9）：52-56.

冯晓明，2011. 苹果 *bHLH* 基因 MdCIbHLH1 克隆及功能分析 [D]. 泰安：山东农业大学.

光杨其，宋桂成，张金凤，等，2014. 1 个新棉花 *bHLH* 类基因 Gh-bHLH130 的克隆及表达分析 [J]. 棉花学报，26（4）：363-370.

韩雪，2013. 山新杨高效遗传转化体系的建立及蒙古柳 FOX 山新杨抗性植株的获得 [D]. 哈尔滨：东北林业大学.

何洁，顾秀容，魏春华，等，2016. 西瓜 *bHLH* 转录因子家族基因的鉴定及其在非生物胁迫下的表达分析 [J]. 园艺学报，43（2）：281-294.

李刚，宋平丽，王翔，等，2021. 农杆菌介导的杜梨叶片瞬时转化方法的建立 [J]. 果树学报，38 (11)：2006-2013.

李禄军，蒋志荣，李正平，等，2006. 3 树种抗旱性的综合评价及其抗旱指标的选取 [J]. 水土保持研究 (6)：253-254.

李娜，2017. 中间锦鸡儿参与叶片衰老基因 *CibHLH027* 的克隆和功能研究 [D]. 呼和浩特：内蒙古农业大学.

李晓娜，肖厚贞，万三连，等，2017. 巴西橡胶树 *HbCYP450* 基因克隆与表达分析 [J]. 热带作物学报，38 (11)：2100-2105.

梁小燕，李元敏，李依民，等，2021. 掌叶大黄 *RpNAC1* 基因的克隆、亚细胞定位及表达分析 [J]. 中草药，52 (23)：7302-7308.

凌秋平，吴嘉云，杨湛端，等，2019. 甘蔗 *SsCBL4* 基因的克隆及表达特性分析 [J]. 农业生物技术学报，27 (8)：1351-1359.

刘文文，李文学，2013. 植物 bHLH 转录因子研究进展 [J]. 生物技术进展，3 (1)：7-11.

刘小翠，2017. 火龙果 *HubHLH1-like* 基因的克隆及功能分析 [D]. 贵阳：贵州大学.

陆露，2018. 樱花组培快繁的化学调控及胚性愈伤诱导初探 [D]. 武汉：江汉大学.

麻冬梅，秦楚，2018. *AtSOS* 基因在紫花苜蓿中的表达及其耐盐性研究 [J]. Acta Prataculturae Sinica，27 (6)：81-91.

马风勇，石晓霞，许兴，等，2013. 拟南芥 *SOS* 基因家族与植物耐盐性研究进展 [J]. 中国农学通报，29 (21)：121-125.

孟聪睿，2013. 干旱高温胁迫对樱桃的生理影响 [D]. 太原：山西农业大学.

孙华军，李国瑞，陈永胜，等，2015. 农杆菌介导的植物遗传转化影响因素研究进展 [J]. 安徽农业科学，43 (24)：26-27.

王丹怡，韩玲娟，张毅，等，2020. 多胺对盐胁迫下黄瓜 *SOS2* 基因家族表达的影响 [J]. 西北植物学报，40 (11)：1855-1865.

王磊，2019. 花花柴表皮蜡质的合成及其对植物耐高温的研究 [D]. 阿拉尔：塔里木大学.

温国琴，2013. 苦荞细胞色素 *P450* 基因的克隆、原核表达及逆境条件对其在芽期苦荞中表达的影响 [D]. 成都：四川农业大学.

温世杰，李杏瑜，洪彦彬，等，2017. '航花 2 号' 的 Δ^{12} 脂肪酸脱氢酶

（*FAD2*）基因的生物信息学分析［J］. 热带农业科学, 37（9）: 38-44.

谢崇波, 金谷雷, 徐海明, 等, 2010. 拟南芥在盐胁迫环境下 *SOS* 转录调控网络的构建及分析［J］. 遗传, 32（6）: 639-646.

许树成, 丁海东, 鲁锐, 等, 2008. ABA 在植物细胞抗氧化防护过程中的作用［J］. 中国农业大学学报（2）: 11-19.

杨帅, 王玲, 闵凡祥, 等, 2022. 马铃薯 StCBL4 基因的克隆及表达模式分析［J/OL］. 分子植物育种, http://kns.cnki.net/kcms/detail/49.1068.s.20220311.1840.011.html.

于晓俊, 曹绍玉, 董玉梅, 等, 2016. 钙结合蛋白对花粉生长发育调控研究进展［J］. 西北植物学报, 36（10）: 2121-2127.

於丙军, 刘友良, 2004. *SOS* 基因家族与植物耐盐性［J］. 植物生理学通讯（4）: 409-413.

张福丽, 陈龙, 李成伟, 2012. 农杆菌介导的植物转基因影响因素［J］. 生物技术通报（7）: 14-19.

张国嘉, 侯蕾, 王庆国, 等, 2014. 花生 AhSOS2 基因的克隆及功能初探［J］. 作物学报, 40（3）: 405-415.

邹全程, 唐绯绯, 刘中原, 等, 2018. 瞬时过表达 ThCBL4 基因提高刚毛柽柳耐盐能力［J］. 林业科学研究, 31（3）: 60-67.

朱明慧, 李晓静, 王浩民, 等, 2022. 原核和真核双表达载体的构建及功能分析［J］. 中国细胞生物学学报, 44（3）: 437-442.

ANNE L, ANNE - ALIéNOR V, HERVé S, 2007. K⁺ channel activity in plants: Genes, regulations and functions［J］. FEBS Letters, 581（12）: 2357-2366.

APSE M P, AHARON G S, SNEDDEN W A, et al., 1999. Salt tolerance conferred by overexpression of a vacuolar Na⁺/H⁺ antiport in arabidopsis［J］. Science（New York, N. Y.）, 285（5431）: 1256-1258.

ARATI N P, TONG Z, MISHA K, et al., 2016. Mutations in jasmonoyl-L-isoleucine-12-hydroxylases suppress multiple JA-dependent wound responses in *Arabidopsis thaliana*［J］. BBA - Molecular and Cell Biology of Lipids, 1861（9）: 1396-1408.

BASSIL E, TAJIMA H, LIANG Y, et al., 2011. The Arabidopsis Na⁺/H⁺ Antiporters NHX1 and NHX2 control vacuolar pH and K⁺ homeostasis to regulate growth, flower development, and Reproduction（C）（W）［J］. Plant

Cell, 23 (9): 3482-3497.

CHEN X, HE S, JIANG L, et al., 2021. An efficient transient transformation system for gene function studies in pumpkin (*Cucurbita moschata* D.) [J]. Scientia Horticulturae, 282: 110028.

CHEN P, YANG J, MEI Q, et al., 2021. Genome-Wide analysis of the apple CBL family reveals that Mdcbl 10.1 functions positively in modulating apple salt tolerance [J]. Int J Mol Sci, 22 (22): 12430.

CLOUGH S J, BENT A F, 1998. Floral dip: a simplified method for Agrobacterium-mediated transformation of *Arabidopsis thaliana* [J]. The Plant journal : for cell and molecular biology, 16 (6): 735-743.

DONG Y, WANG C, HAN X, et al., 2014. A novel bHLH transcription factor PebHLH35 from Populus euphratica confers drought tolerance through regulating stomatal development, photosynthesis and growth in *Arabidopsis* [J]. Biochemical and biophysical research communications, 450 (1): 453-458.

ESCANDóN M, CAñAL M J, PASCUAL J, et al., 2016. Integrated physiological and hormonal profile of heat-induced thermotolerance in *Pinus radiata* [J]. Tree physiology, 36 (1): 63-77.

ESPELIE K E, FRANCESCHI V R, KOLATTUKUDY P E, 1986. Immunocytochemical localization and time course of appearance of an anionic peroxidase associated with suberization in wound-healing potato tuber tissue [J]. Plant physiology, 81 (2): 487-492.

FUKUDA A, NAKAMURA A, HARA N, et al., 2011. Molecular and functional analyses of rice NHX-type Na^+/H^+ antiporter genes [J]. Planta, 233 (1): 175-188.

GLAZEBROOK J, 1999. Genes controlling expression of defense responses in *Arabidopsis* [J]. Curr Opin Plant Biol, 2 (4): 280-286.

KEN I K, YOSHIHIKO N, TORU T, 2020. A protocol for agrobacterium-mediated transformation of *Japanese cedar, Sugi* (*Cryptomeria japonica* D. Don) using embryogenic tissue explants [J]. Plant Biotechnology, 37 (2): 147-156.

KENJIROU O, 2009. Establishment of a high efficiency agrobacterium-mediated transformation system of rice (*Oryza sativa* L.) [J]. Plant Science, 176 (4): 522-527.

KöHLER C, MERKLE T, NEUHAUS G, 1999. Characterisation of a novel gene family of putative cyclic nucleotide- and calmodulin-regulated ion channels in *Arabidopsis thaliana* [J]. The Plant journal : for cell and molecular biology, 18 (1): 97-104.

LIU L, ZENG Y, PAN X, et al., 2012. Isolation, molecular characterization, and functional analysis of the vacuolar Na$^+$/H$^+$ antiporter genes from the halophyte karelinia caspica [J]. Molecular biology reports, 39 (6): 7193-7202.

MARIS P A, EDUARDO B, 2002. Engineering salt tolerance in plants [J]. Current Opinion in Biotechnology, 13 (2): 261-276.

MARLEEN V, EVA B, 2012. Hormonal interactions in the regulation of plant development [J]. Annual Review of Cell and Developmental Biology, 28 (1): 463-487.

MARTÍNEZ-RIVAS J M, GARCÍA-DÍAZ M T, MANCHA M, 2000. Temperature and oxygen regulation of microsomal oleate desaturase (FAD2) from sunflower [J]. Biochemical Society transactions, 28 (6): 890-892.

MARTINIèRE A, SHVEDUNOVA M, THOMSON A J W, et al., 2011. Homeostasis of plasma membrane viscosity in fluctuating temperatures [J]. The New phytologist, 192 (2): 328-337.

MASSARI M E, MURRE C, 2000. Helix-loop-helix proteins: regulators of transcription in eucaryotic organisms [J]. Molecular and Cellular Biology, 20 (2): 429-440.

MEYERS B C, KOZIK A, GRIEGO A, et al., 2003. Genome-wide analysis of NBS-LRR-encoding genes in arabidopsis [J]. Plant Cell, 15 (4): 809-834.

MO C, WAN S, XIA Y, et al., 2018. Expression patterns and identified protein-protein interactions suggest that cassava CBL-CIPK signal networks function in responses to abiotic stresses [J]. Front Plant Sci, 9: 269.

NANASATO Y, KONAGAYA K, OKUZAKI A, et al., 2011. Agrobacterium-mediated transformation of kabocha squash (*Cucurbita moschata* Duch) induced by wounding with aluminum borate whiskers [J]. Plant cell reports, 30 (8): 1455-1464.

QIU Q, GUO Y, DIETRICH M A, et al., 2002. Regulation of *SOS1*, a plasma membrane Na$^+$/H$^+$ exchanger in *Arabidopsis thaliana*, by *SOS2* and *SOS3* [J]. Proceedings of the National Academy of Sciences of the United States of America, 99 (12): 8436-8441.

RESH M D, 1999. Fatty acylation of proteins: new insights into membrane targeting of myristoylated andpalmitoylated proteins [J]. Biochim Biophys Acta, 1451 (1): 1-16.

SAILSBERY J K, ATCHLEY W R, DEAN R A, 2012. Phylogenetic analysis and classification of the fungal bHLH domain [J]. Molecular biology and evolution, 29 (5): 1301-1318.

SANA K, NAVEERA F, POOJA S, et al., 2015. Agrobacterium tumefaciens mediated genetic transformation of *Ocimum gratissimum*: A medicinally important crop [J]. Industrial Crops & Products, 71: 138-146.

SHENG L, JöRG K, MANUEL R, et al., 2002. Calmodulins and calcineurin B-like proteins [J]. The Plant Cell, 14 (suppl 1): S389-S400.

SONG Y, BAI X, DONG S, et al., 2020. Stable and efficient agrobacterium-mediated genetic transformation of larch using embryogenic callus [J]. Frontiers in Plant Science, 11: 1740.

VARGAS-GUEVARA C, VARGAS-SEGURA C, VILLALTA-VILLALOBOS J, et al., 2018. A simple and efficient agroinfiltration method in coffee leaves (*Coffea arabica* L.): assessment of factors affecting transgene expression [J]. 3 Biotech, 8 (11): 1-10.

WANG Y, JIN S, WANG M, ZHU L, ZHANG X, 2013. Isolation and characterization of a conserved domain in the eremophyte H$^+$-PPase family [J/OL]. PLOS ONE, 2013, 10. 1371/journal. pone. 0070099

WANG Y, GUO Y, LI F, et al., 2021. Overexpression of KcNHX1 gene confers tolerance to multiple abiotic stresses in *Arabidopsis thaliana* [J]. Journal of Plant Research, 134 (568): 613-623.

XIAO X, MO C, SUI J, et al., 2022. The calcium sensor calcineurin B-Like proteins-calcineurin B-Like interacting protein kinases is involved in leaf development and stress responses related to latex flow in fevea brasiliensis [J]. Front Plant Sci, 13: 743506.

YE C Y, ZHANG H C, CHEN J H, et al., 2009. Molecular characterization of putative vacuolar NHX-type Na (+) /H (+) exchanger genes from the salt – resistant tree *Populus euphratica* ［J］. Physiologia plantarum, 137 (2): 166–174.

YIN X, ZHANG Z J, 2010. Recent patents on plant transgenic technology ［J］. Recent patents on biotechnology, 4 (2): 98–111.

YUAN S W, WU X L, LIU Z H, et al., 2011. Abiotic stresses and phytohormones regulate expression of italic FAD2 italic gene in italic arabidopsis thaliana italic ［J］. Agricultural Sciences in China, 11 (1): 62–72.

ZHANG H, YIN W, XIA X, 2008. Calcineurin B – Like family in populus: comparative genome analysis and expression pattern under cold, drought and salt stress treatment ［J］. Plant Growth Regulation, 56 (2): 129–140.

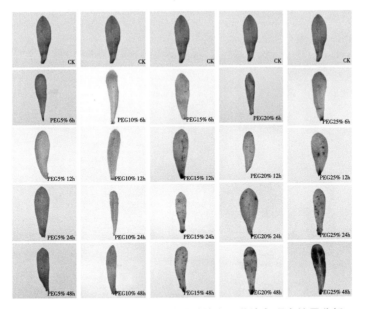

彩图3-7　干旱胁迫下花花柴幼苗叶片台盼蓝染色观察结果分析

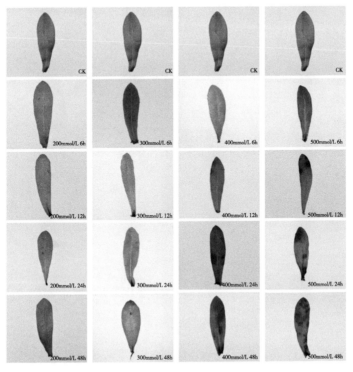

彩图3-14　NaCl胁迫下花花柴幼苗叶片台盼蓝染色观察结果分析

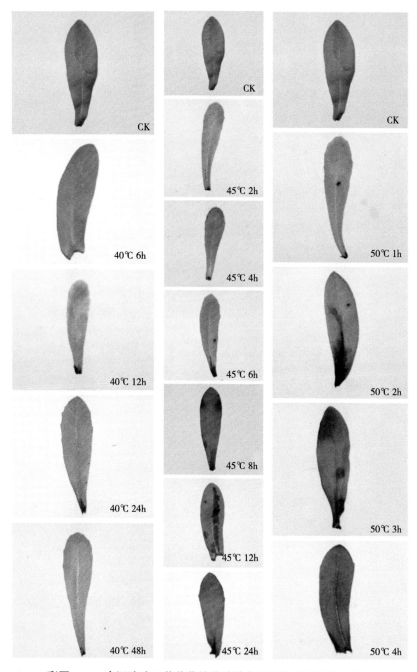

彩图3-21　高温胁迫下花花柴幼苗叶片台盼蓝染色观察结果分析

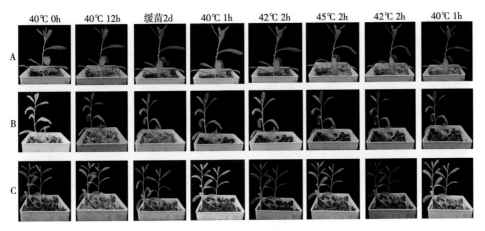

彩图3-22　花花柴的变温驯化处理

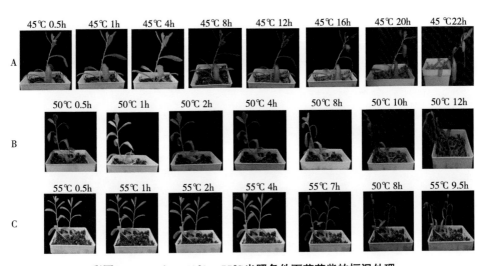

彩图3-23　45℃、50℃、55℃光照条件下花花柴的恒温处理

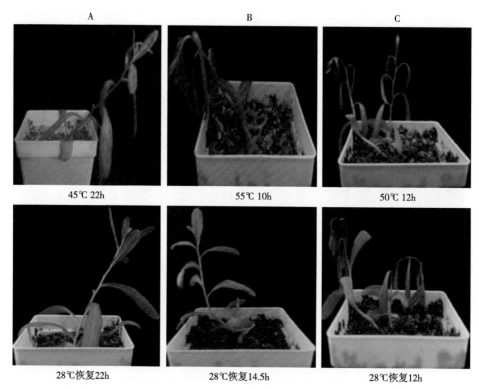

彩图3-24　45℃、50℃、55℃光照条件下恒温处理的花花柴缓苗恢复

彩图3-25　高温处理不同时长花花柴植株的表型变化

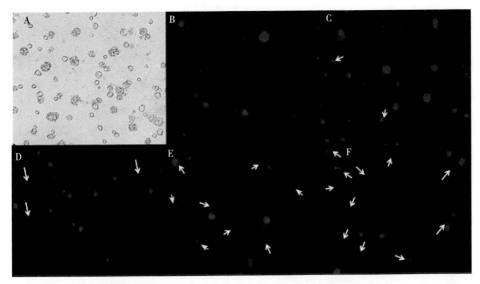

彩图3-27 花花柴叶片45℃处理不同时长的彗星电泳图

（注：图中A为花花柴原生质体在40倍物镜下的镜检结果，B、C、D、E、F分别为45℃高温处理0h、2h、4h、8h、12h的花花柴叶片原生质体的彗星电泳图结果）

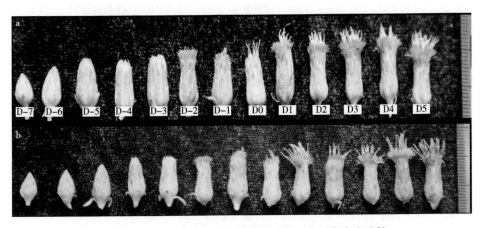

彩图4-1 人工绿地与沙漠花花柴花器官各时期大小比较

[注：A为人工绿地花花柴花器官花期各时期大小比较；B为沙漠花花柴花器官花期各时期大小比较，（D-7，D-6，D-5，D-4，D-3，D-2，D-1，D0，D1，D2，D3，D4，D5分别代表开花前第7d、6d、5d、4d、3d、2d、1d，开花当天，开花后1d、2d、3d、4d、5d）]

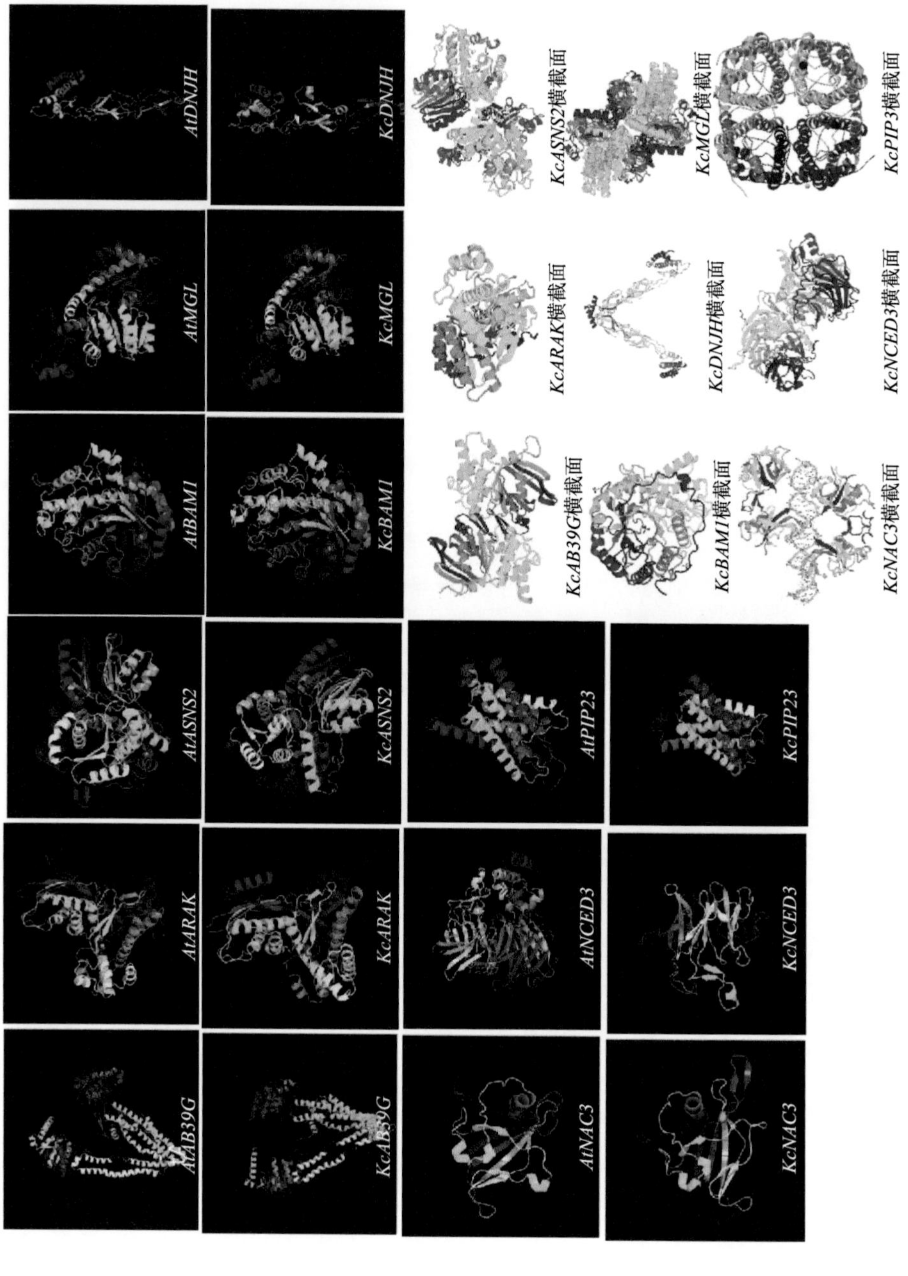

彩图5-15 耐旱相关基因的三维结构

（注：图中红色代表N端，深蓝色代表C端）

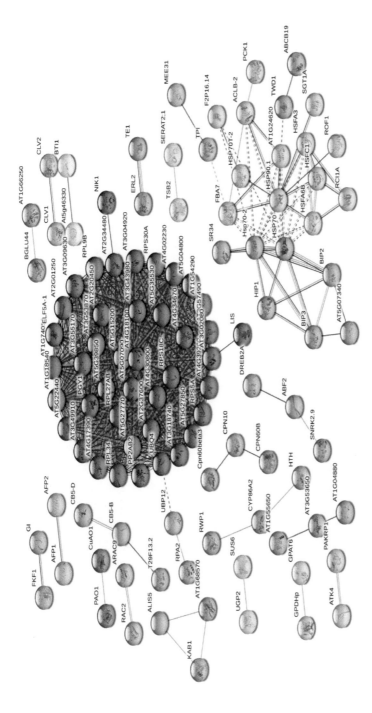

彩图5-19　热胁迫下花花柴上调8倍表达的基因间蛋白质互作

（注：紫红线连接表示实验验证的蛋白质互作，蓝线连接表示策划数据库已知的蛋白质互作，节点的不同颜色表示不同的编码蛋白家族，节点内没有3D模型的表示未知三维结构的蛋白质，节点内有3D模型的表示已知的或预测的三维结构）

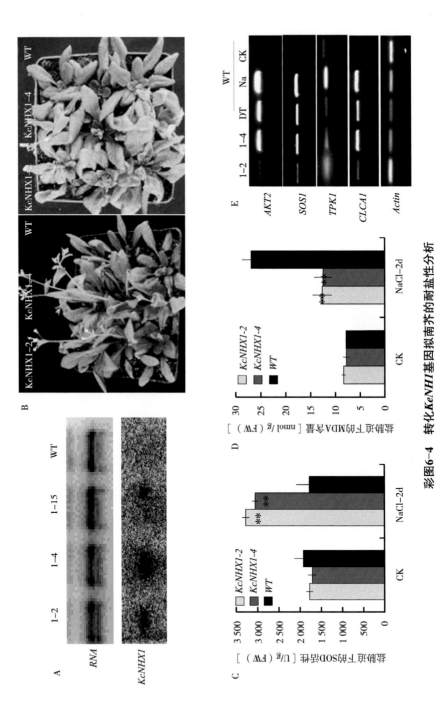

彩图6-4 转化KcNHX1基因拟南芥的耐盐性分析

（注：A为Northerm检测KcNHX1的表达量；B为NaCl处理后的表型；C为NaCl处理后SOD的活性检测；D为NaCl处理后MDA的含量检测；E为离子转运相关基因的表达模式分析）

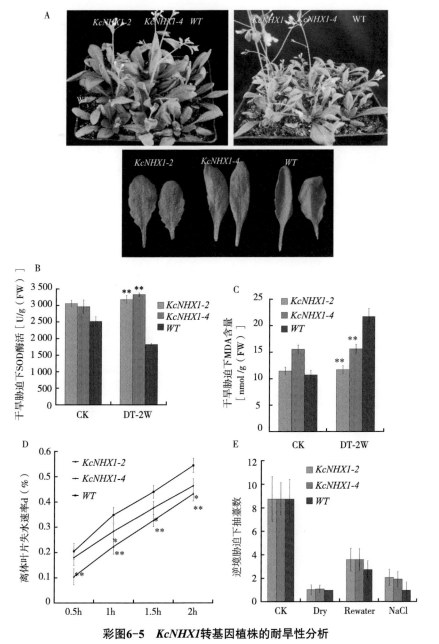

彩图6-5　*KcNHX1*转基因植株的耐旱性分析

（注：A为干旱处理后植株的表型及离体叶片失水表型；B为SOD活性检测；C为MDA
含量测定；D为离体叶片失水率检测；E为干旱处理后复水前后抽薹数统计）

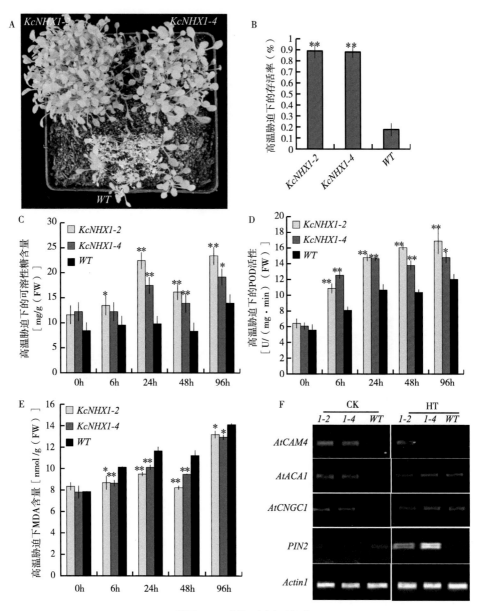

彩图6-6 苗期耐高温检测

（注：A为高温处理后的表型；B为存活率统计结果；C为可溶性糖含量的测定结果；D为POD活性测定结果；E为MDA含量测定结果）

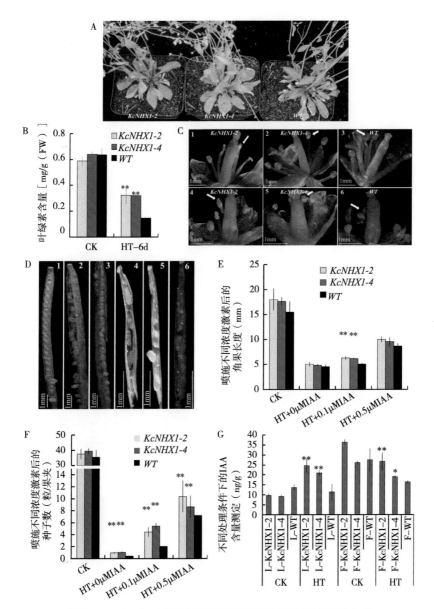

彩图6-7　*KcNHX1*增强转基因植株结实期对高温耐受性分析

（注：其中A为*KcNHX1-2*、*KcNHX1-4*及WT在高温处理下的表型；B为叶绿素含量；
C为正常条件下和高温处理下的花器官比较；1～3为正常条件下的花器官，4～6为高温处理
下的花器官；D为正常条件下和高温处理下角果长度和结实性比较；1～3为正常条件下的
角果，4～6为高温处理下的角果；E为正常条件下拟南芥角果长度及结实性统计结果和不同
浓度IAA处理下角果长度及结实性统计结果；F为叶片和花器官中IAA含量测定结果）

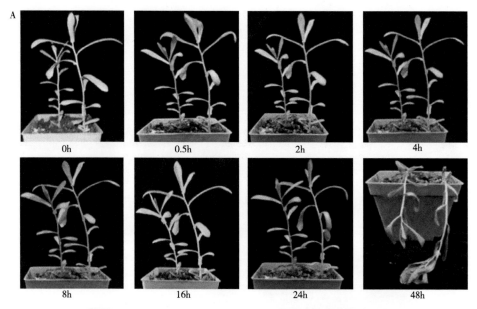

彩图6-38　**KcFAD2、KcP450-77A、KcHHT的表达模式分析**

（注：A为高温处理不同时间点花花柴植株的生长状况；B为*KcP450-77A*、*KcHHT*、*Ke-FAD2*的表达模式分析电泳图）

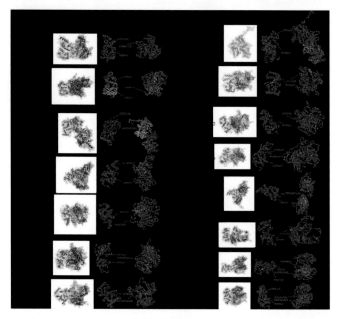

彩图6-50　**通过Rigid Docking方法预测并构建KcCBLs-KcCIPKs的蛋白互作3D模型**